Fachbücher für Fortbildung & Studium

FFS 13

www.fhs-verlag.de

Dr. Holger Stöhr

F.I.T. zur IHK-Prüfung in Rechnungswesen

Wirtschaftsbezogene Qualifikationen für

- Industriefachwirte,
- Technische Fachwirte und
- Wirtschaftsfachwirte

3. Auflage

www.fhs-verlag.de Fachbuchverlag Holger Stöhr

Zum Autor:

Dr. Holger Stöhr, Diplom-Volkswirt (Univ.)

Bisher sind u. a. die folgenden Titel des gleichen Autors erschienen:

- **F.I.T. zur IHK-Prüfung in VWL & BWL:** Wirtschaftsbezogene Qualifikationen für Industriefachwirte, Technische Fachwirte und Wirtschaftsfachwirte, 3. Auflage, Oberstdorf 2018, **ISBN 978-3-943743-13-5**
- **F.I.T. zur IHK-Prüfung in Unternehmensführung:** Wirtschaftsbezogene Qualifikationen für Industriefachwirte, Technische Fachwirte und Wirtschaftsfachwirte, 3. Auflage, Oberstdorf 2018, **ISBN 978-3-943743-17-3**

Bibliografische Informationen der Deutschen Bibliothek

Die Deutsche Bibliothek verzeichnet diese Publikation in der Deutschen Nationalbibliografie; detaillierte bibliografische Daten sind dem Internet über http://dnb.ddb.de abrufbar.

ISBN 978-3-943743-18-0

3. Auflage

Druck: Laserline, Berlin

Fachbuchverlag Holger Stöhr (FHS)

Internet: www.fhs-verlag.de

Inhaltsverzeichnis

Vorwort

Dieses Fachbuch zum Prüfungsfach »**Rechnungswesen**« ist am aktuellen Rahmenstoffplan der Prüfung »**Wirtschaftsbezogene Qualifikationen**« u. a. der folgenden IHK-Lehrgänge ausgerichtet:

- **Industriefachwirt/-in**
- **Technische(r) Fachwirt/-in**
- **Wirtschaftsfachwirt/-in.**

Wer in eine Prüfung geht, ist oft nicht angemessen vorbereitet, und dies, obwohl er oder sie regelmäßig an Lehrgängen teilgenommen hat und die dazugehörigen Bücher oder Skripte gelernt hat. Was fehlt, ist der letzte Schliff. Zum Ende der Vorbereitung muss nochmals alles auf den Punkt gebracht werden. **Für die Erstellung eigener Zusammenfassungen fehlt oft die Zeit.** Es fehlen Tipps zur Vorgehensweise in der Prüfung. Korrekturen von Prüfungen zeigen immer, wie viele Punkte unnötig vergeudet werden. Zudem sollten zur Übung noch Prüfungen simuliert werden.

Zu diesem Zweck baue ich auf ein dreigleisiges Verfahren (**F.I.T.**):

- **Zusammenfassungen:** Zunächst wird der Inhalt/Stoff des Fachs kurz und verständlich zusammengefasst (Inhalte in Form von Zusammenfassungen).
- **Fragen:** Zur Prüfungsvorbereitung sind in Anhang A zwei komplette (fiktive) Prüfungen enthalten, die exakt auf dem Niveau der realen Prüfungen sind – vom Schwierigkeitsgrad, der Punkte- und der Stoffverteilung. Dazu werden in Anhang B ausführliche und klare Lösungen geliefert (Fragen/Aufgaben mit Lösungen)
- **Tipps:** Schließlich sollen Ihnen zahlreiche Tipps und Hinweise in Anhang C die Prüfung erleichtern. Zum Schluss geben Ihnen die in **Anhang D aufgezeigten typischen Fehler in fiktiven Prüfungslösungen wertvolle Tipps**, wie Sie es eben nicht machen sollten (Tipps zur Fehlervermeidung).

Zudem fühlt man sich unsicher, was nun wichtig ist, und was weniger. Zur besseren Einordnung, inwiefern welcher Stoff **prüfungsrelevant** ist, sind zwei hilfreiche Aspekte eingebaut: (A) Zu jedem Kapitel, Unterkapitel etc. wird die Prüfungsrelevanz in 3 Stufen gemäß IHK-Rahmenstoffplan am rechten Rand mit einem Marker angegeben:

1. Die erste Stufe bezieht sich auf einfachen Lernstoff. Hier werden nur **Kenntnisse** in Form von Definitionen, Auflistungen usw. erwartet. Als Symbol dient die Diskette.
2. Die zweite Stufe bezieht sich auf das **Verständnis** von Zusammenhängen und komplexeren Sachverhalten und deren Erläuterung. Als Symbol dient der kreisende Pfeil.
3. Die dritte Stufe steht für gelerntes und verstandenes Wissen, das in Form von Übungen und Rechnungen **Anwendung** findet. Als Symbol dient der Taschenrechner.

(B) Zu jedem Kapitel bzw. Unterabschnitt wird in einer kleinen Tabelle am rechten Rand (etwas nach unten versetzt) detailliert dargestellt, in welchen vergangenen Prüfungen dieser Stoff in welcher Aufgabe und mit welcher Punktezahl abgefragt wurde. Diese Zuordnung gilt immer für den gesamten Bereich der Zwischenüberschrift bzw. des Teilkapitels (siehe Abbildungen der Innenseiten des Umschlags).

Natürlich können auf so knappem Raum nicht alle Themen ausführlich behandelt werden. Stattdessen werden hier Zusammenfassungen geboten, die Ihnen ein schnelles Lernen und eine Einschätzung der Prüfungsrelevanz der Themen gewähren. Dabei wurden alle bisherigen IHK-Prüfungen berücksichtigt (Stand: Juni 2018).

Ich wünsche Ihnen viel Spaß mit diesem Fachbuch und viel Erfolg beim Bestehen Ihrer Prüfung.

Dr. Holger Stöhr
Oberstdorf im Juni 2018

Zur Prüfung

Bei diesem Fach steht die Anwendung des Wissens im Vordergrund:

- **Zeit**: 90 Minuten.
- **Hilfsmittel**: Taschenrechner, IHK-Formelsammlung für Fachwirte (die Ihnen in der Prüfung ausgehändigt wird), <u>keine</u> Gesetzestexte!
- **Einteilung** der Punkte (ca.): 1. Grundlagen des Rechnungswesens u. 2. Finanzbuchhaltung zusammen: 20 Punkte, 3. Kosten- und Leistungsrechnung: 60 Punkte, 4. Auswertung betriebswirtschaftlicher Zahlen und 5. Planungsrechnung zusammen: 20 Punkte.
- **Probleme**: 1. Die trockene Materie der Buchführung und der Grundbegriffe der Kostenrechnung werden anwendungsorientiert oftmals in Form von Zuordnungsaufgaben gelöst (verschiedene Fälle, die einzelnen Begriffen zugeordnet werden müssen). 2. Die Rechnungsaufgaben wiederholen sich häufig. Trotzdem bereiten gerade Aufgaben zur Deckungsbeitragsrechnung häufig Kopfschmerzen. 3. Viele Prüflinge haben Schwierigkeiten leicht umformulierte Aufgaben zu verstehen und zu lösen.
- **Lösungsstrategien**: 1. Konzentrieren Sie sich auf die Aufgaben und Ihr vorhandenes Wissen. Nutzen Sie insbesondere bekannte Lösungsschemen, die in den folgenden Seiten geboten werden. Dazu sollte natürlich entsprechendes Wissen vorhanden sein. Denn eine nicht verstandene Formel der Formelsammlung hilft nicht weiter. Das erforderliche Wissen können Sie in diesem Kapitel nochmals kurz wiederholen. 2. Üben Sie anhand von alten Prüfungen die Lösung von anwendungsorientierten Aufgaben.

A+

Wichtiger Hinweis:

In diesem Fach werden drei beinahe gleiche Prüfungen unterschieden:

1. **kaufmännisch** insbesondere für IFW & WFW,
2. **technisch** insbesondere für TFW und
3. **gastronomisch** für bspw. Küchenmeister.

Die ersten beiden Prüfungen sind quasi identisch, lediglich der gastronomische Teil hat an wenigen Stellen (insbesondere beim Kalkulationsschema) branchenspezifisch abgewandelte Aufgaben. Das hier vorliegende Fachbuch ist an den ersten beiden Prüfungen ausgerichtet und für diese optimiert.

1

1 Grundlagen des Rechnungswesens

1.1 Teilbereiche des Rechnungswesens

H 2008: A1a-b, 10 Pt.
F 2011: A1, 9 Pt.
F 2015: A1, 9 Pt.

Zunächst ist aufgrund gesetzlicher Vorgaben eine ordentliche **Buchführung** notwendig. Dieser Teil des Rechnungswesens ermöglicht **externen** Interessenten, wie bspw. dem Staat, Banken, Lieferanten und Aktionären einen Einblick in die Zahlen des Unternehmens.

Kriterium	Buchführung	Kostenrechnung	Planungsrechnung	Betriebsstatistik
Adressaten	intern + extern: Finanzamt, Banken, Staat, Aktionäre usw.	intern	intern	intern
Ziele	Rechenschaftslegung, Dokumentation, Vermögens- und Kapitalstruktur offenlegen, Ergebniskontrolle	Preiskalkulation, Kosten- und Ergebniskontrolle, Entscheidungsgrundlage	Prognosen, Vorgaben für zukünftiges Handeln inkl. Kontrolle	Zeit- und Branchenvergleiche, Soll-/Ist-Vergleiche
gesetzliche Vorgaben	umfangreiche gesetzliche Vorgaben: HGB usw.	keine; Zweckmäßigkeit; Gepflogenheiten	keine gesetzlichen Vorgaben	überwiegend ohne
Ergebnis	Unternehmensergebnis = Erträge – Aufwendungen	Betriebsergebnis = Leistungen – Kosten	–	–
Zeitbezug	Vergangenheit	Vergangenheit und Zukunft	Zukunft	Vergangenheit
Erfassung	jährlich; Quartalsberichte	i. d. R. monatlich	diverse	diverse

Zum **internen** Rechnungswesen zählen die **Kosten- und Leistungsrechnung**, die **Betriebsstatistik** sowie die **Planungsrechnung**.

1

1.2 Grundsätze ordnungsgemäßer Buchführung

F 2009: A1a-b, 12 Pt.
H 2010: A1a-c, 9 Pt.
F 2015: A1, 9 Pt.

Schon § 238 (1) HGB beinhaltet die Forderung nach **ordnungsmäßiger Buchführung**. Allgemein muss die Buchführung so beschaffen sein, dass sie sachverständigen Dritten (Betriebsprüfern des Finanzamtes oder Steuerberatern) innerhalb angemessener Zeit einen Überblick über die Geschäftsvorfälle und die Lage des Unternehmens vermitteln kann. Die hierfür notwendigen Voraussetzungen werden als **Grundsätze ordnungsmäßiger Buchführung (GoB)** bezeichnet. Die Quellen der GoB sind Gesetze, Verordnungen, die Rechtsprechung, die Wissenschaft sowie die Praxis. Die GoB werden in Grundsätze ordnungsmäßiger Buchführung im engeren Sinne, Grundsätze ordnungsmäßiger Inventur und Grundsätze ordnungsmäßiger Bilanzierung unterteilt.

Zum *Zweck der Dokumentation und Rechenschaftslegung der Geschäftsvorfälle* müssen die folgenden **Grundsätze ordnungsmäßiger Buchführung** (im engeren Sinne) befolgt werden:

- **Prinzip des systematischen Aufbaus der Buchführung:** Die Organisation und die Art der Buchführung (Bücher, Kontenrahmen) müssen systematisch und übersichtlich sein.
- **Prinzip der vollständigen und verständlichen Aufzeichnung:** Alle Geschäftsvorfälle müssen fortlaufend und vollständig, richtig, in ihrer zeitlichen Reihenfolge (chronologisch) sowie sachlich zugeordnet gebucht werden.
- **Belegprinzip:** keine Buchung ohne Beleg!
- **Aufbewahrung:** Alle Buchungsbelege etc. müssen zehn Jahre geordnet aufbewahrt werden.
- **Grundsatz der Klarheit:** Es sind gemäß § 243 (2) HGB bestimmte formale Gliederungs- und Gestaltungskriterien einzuhalten. Dazu zählt eine eindeutige Bezeichnung der Posten.
- **Grundsatz der Wahrheit:** Der Jahresabschluss ist inhaltlich und wertmäßig wahr und fachgerecht zu erstellen.

1.3 Buchführungspflicht nach HGB/Steuerrecht

H 2011: A1, 12 Pt.

Zur Ermittlung der Steuern u. zum Schutz der Gläubiger sind Personen- u. Kapitalgesellschaften sowie eingetragene Kaufleute grundsätzlich zur Buchführung verpflichtet. Die **Rechtsgrundlagen** sind das **Handelsgesetzbuch (HGB)** u. im Steuerrecht die **Abgabenordnung (AO)**.

»Jeder Kaufmann ist verpflichtet Bücher zu führen und in diesen seine Handelsgeschäfte und die Lage seines Vermögens nach den Grundsätzen ordnungsmäßiger Buchführung ersichtlich zu machen.« § 238 (1) HGB

Buchführungspflicht

Handelsrecht

- Handelsgesellschaften (OHG, KG, GmbH, AG usw.) sind als Formkaufleute grundsätzlich buchführungspflichtig.
- In das Handelsregister eingetragene Einzelkaufleute sind zur Buchführung verpflichtet.
- Eingetragene Einzelkaufleute sind dann **nicht** buchführungspflichtig, wenn sie in zwei aufeinanderfolgenden Geschäftsjahren weniger als 600 T€ (500 T€ bis 31.12.2015) Umsatz und weniger als 60 T€ (50 T€ bis 31.12.2015) Gewinn erzielten. Sofern eine Zahl in einem der beiden Jahre überschritten wurde, gilt die Ausnahmeregelung nicht.
- Land- und Forstwirte sowie Freiberufler sind nicht buchführungspflichtig.

Steuerrecht

- Wer nach Handelsrecht zur Buchführung verpflichtet ist, ist dies auch nach Steuerrecht (§ 140 AO).
- Zusätzlich ist zur Buchführung verpflichtet, wer einen Umsatz von mindestens 600 T€ (500 T€ bis 31.12.2015) oder einen Gewinn von mindestens 60 T€ (50 T€ bis 31.12.2015) im letzten Geschäftsjahr ausweist. Land- und Forstwirte sind zudem dann buchführungspflichtig, wenn der Wirtschaftswert der selbst bewirtschafteten Flächen größer als 25 T€ war (§ 141 AO).
- Freiberufler sind grundsätzlich nicht buchführungspflichtig.

1

1.4 Bilanzierungs- und Bewertungsgrundsätze

Bewertungsvorschriften/-richtlinien

Das größte Problem der Buchführung stellen die **Wertansätze** für manche Vermögensgegenstände dar. Zur Vereinheitlichung der Vorgehensweise gibt es grundlegende **Bewertungsvorschriften** (bzw. Grundsätze ordnungsgemäßer Bilanzierung).

Die Bewertungsrichtlinien nach § 252 HGB

F **2012: A1,** 9 Pt.
F **2014: A2a-d,** 8 Pt.

Die folgenden Prinzipien sind für alle Kaufleute verbindlich:

- **Grundsatz der Bilanzidentität:** Die Werte der Eröffnungsbilanz eines Jahres müssen mit denjenigen der Schlussbilanz des Vorjahres übereinstimmen, um zu verhindern, dass unterschiedliche Wertansätze verwendet werden.
- **Grundsatz der Unternehmensfortführung:** Dieses sogenannte Going-concern-Prinzip sieht vor, dass von der Fortführung des Unternehmens auszugehen ist.
- **Stichtagsprinzip:** Die Bewertung bezieht sich auf die am Bilanzstichtag objektiv bestehenden Tatsachen.
- **Grundsatz der Einzelbewertung:** Alle Vermögensgegenstände und Schulden sind grundsätzlich einzeln zu bewerten. Nur bei Werkstoffen sind Bewertungsvereinfachungsverfahren zugelassen.
- **Vorsichtsprinzip:** Gewinne dürfen nur ausgewiesen werden, wenn sie tatsächlich realisiert wurden. Drohende Verluste müssen hingegen ausgewiesen werden. Diese Ungleichbehandlung wird auch **Imparitätsprinzip** genannt.
- **Prinzip der Periodenbezogenheit:** Alle Aufwendungen und Erträge müssen dem Geschäftsjahr zugeordnet werden, in dem sie wirtschaftlich verursacht wurden.
- **Prinzip der Bewertungsstetigkeit:** Einmal gewählte Bewertungsmethoden müssen grundsätzlich beibehalten werden.

Bewertungsgrundsätze: Vorsichtsprinzip

H 2009: A1a-b, 10 Pt.
H 2012: A4a-b, 8 Pt.
F 2013: A1, 6 Pt.
H 2013: A1a-b, 10 Pt.
H 2014: A2a-b, 8 Pt.
F 2018: A2a-c, 9 Pt.

- **Anschaffungswertprinzip:** Nach dem Anschaffungswertprinzip dürfen Vermögensgegenstände nur maximal mit den Anschaffungs- und Herstellungskosten (AHK) bewertet werden. Zum Anschaffungspreis werden die Nebenkosten (wie bspw. Zölle oder die Montage) sowie nachträgliche Anschaffungskosten (wie bspw. Ausbau einer Anlage) hinzugerechnet und Anschaffungskostenminderungen (bspw. Rabatte u. Skonti) abgezogen.
- **strenges Niederstwertprinzip:** Für Vermögensgegenstände ist für den Bilanzstichtag von verschiedenen möglichen Wertansätzen (Tageswert oder Anschaffungskosten) jeweils der niedrigere Wertansatz zu wählen.
- **Höchstwertprinzip:** Schulden sind mit dem jeweiligen Höchstwert zu bewerten.
- **Realisationsprinzip:** Nicht realisierte Gewinne dürfen nicht ausgewiesen werden, nicht realisierte Verluste müssen ausgewiesen werden. Zwangsläufig ergibt sich aus den letzten beiden Prinzipien eine ungleichgewichtige Behandlung des Vermögens und der Schulden. Diese ungleiche Behandlung wird auch als **Imparitätsprinzip** bezeichnet.

Abschreibungen

F 2017: A2a-b, 7 Pt.

Das Vermögen unterliegt dem **Wertverlust**. So erleiden Maschinen durch Abnutzung, natürlichen Verschleiß und technische Veralterung einen Wertverlust. Dieser Wertverlust wird *buchungstechnisch* durch **Abschreibungen** berücksichtigt (Restbuchwert des Vermögens sinkt). Abschreibungen entsprechen somit dem Wertverlust und werden als Aufwendungen verbucht und vermindern damit den zu versteuernden Gewinn. Die **Abschreibungsbeträge** eines Anlagegegenstandes hängen von der geplanten Nutzungsdauer, den Anschaffungs- oder Herstellungskosten sowie der Abschreibungsart ab. Die *Nutzungsdauer* wird dabei vom Gesetzgeber in sogenannten **AfA-Tabellen** vorgegeben. Es wird zwischen linearer und degressiver Abschreibung sowie Abschreibung nach Leistungsverbrauch unterschieden.

1

Inventurverfahren

H 2016: A1, 12 Pt.

Der Vorgang der körperlichen Bestandsaufnahme der Vermögensgegenstände und der Schulden wird als **Inventur** bezeichnet. Sie ist eine Voraussetzung für den Jahresabschluss (vgl. Kap. 2.2). Bei den Vorräten ist die Inventur oft mit einem großen Arbeitsaufwand verbunden. Daher sind hier verschiedene Verfahren erlaubt:

- **Stichtagsinventur:** Die Inventur wird zum Stichtag durchgeführt. Dies ist jedoch bei größeren Beständen oft gar nicht machbar.
- **Ausgeweitete bzw. zeitnahe Stichtagsinventur:** Es ist hier eine zeitnahe Inventur innerhalb von 10 Tagen vor oder nach dem Bilanzstichtag durchzuführen. Voraussetzung: Zu- und Abgänge müssen mengen- und wertmäßig zum Bilanzstichtag hin fortgeschrieben bzw. zurückgerechnet werden.
- **Verlegte Inventur:** Die körperliche Bestandsaufnahme bei Vermögensgegenständen kann an einem beliebigen Tag innerhalb der letzten drei Monate vor bzw. zwei Monate nach dem Stichtag erfolgen. Voraussetzung: Zu- und Abgänge müssen wertmäßig zum Bilanzstichtag hin fortgeschrieben bzw. zurückgerechnet werden.
- **Permanente Inventur:** Bei der permanenten Inventur werden buchmäßig andauernd Zu- und Abgänge und daraus folgende Bestände festgehalten. Um Abweichungen auszuschließen, muss zumindest einmal im Jahr eine körperliche Inventur durchgeführt werden. Voraussetzung: Es muss eine (zumeist EDV-basierte) Bestandskartei geführt werden.
- **Stichprobeninventur:** Sie bezieht sich nicht auf den Zeitpunkt der Bestandsaufnahme, sondern die Art der Bestandsaufnahme. Sie ist bei großen Mengen unterschiedlicher Güter (bspw. Schrauben) denkbar, um den Arbeitsaufwand zu senken. Mit Hilfe von mathematisch-statistischen Verfahren werden hier die Bestände ausgehend von Stichproben hochgerechnet.

2

2 Finanzbuchhaltung

2.1 Grundlagen

2.1.1 Adressaten der Finanzbuchhaltung

H 2009: A8a-b, 9 Pt.
F 2016: A2a, 9 Pt.

Zu den Adressaten der Finanzbuchhaltung zählen extern:

- Finanzamt zwecks Besteuerung
- Banken als Fremdkapitalgeber
- Lieferanten als Gewährende von Lieferantenkrediten
- Aktionäre als Eigenkapitalgeber
- Mitarbeiter
- Öffentlichkeit

Daneben besteht auch intern durch die Unternehmensführung ein Interesse an den Zahlen der Finanzbuchhaltung.

2.1.2 Bereiche der Finanzbuchhaltung

H 2013: A2a-b, 12 Pt.

Es werden folgende **Hauptbücher** unterschieden:

- In das **Grundbuch** werden alle Geschäftsvorfälle fortlaufend ohne sachliche Sortierung (chronologisch) eingetragen.
- In das **Hauptbuch** werden die Geschäftsvorfälle sachlich geordnet in die verschiedenen Konten übertragen.

Zu den ergänzenden und erläuternden **Nebenbüchern** zählen:

- Im **Kontokorrentbuch** wird der gesamte Geschäftsverkehr mit den Lieferanten (*Kreditoren*) und den Kunden (*Debitoren*) erfasst. Daraus lassen sich die Verbindlichkeiten gegenüber Lieferanten (Lieferantenschulden bzw. VLL) sowie die Forderungen aus Lieferungen und Leistungen (FLL) gegenüber Kunden ablesen.

- Das **Lohn- und Gehaltsbuch** erfasst die Löhne und Gehälter.
- Im **Lagerbuch** werden die Bestände mit Zu-/Abgängen für Roh-, Hilfs- und Betriebsstoffe, Fertigbauteile sowie für die fertigen/unfertigen Erzeugnisse und die Handelswaren ausgewiesen.
- Das **Anlagenbuch** erfasst die (bspw. technischen) Anlagen und ihre Abschreibungen.

Kontenrahmen und -plan

Wie Sie schon aus Ihrer Ausbildung wissen, erhalten alle Konten eine bestimmte **Kontonummer**. Die Vergabe dieser Nummern ist indessen nicht willkürlich, sondern orientiert sich an branchenüblichen Standards. Für jede Branche gibt es einen einheitlichen **Kontenrahmen**, an dem sich die jeweiligen **Kontenpläne** der einzelnen Unternehmen ausrichten. In der Industrie wird bspw. der **Industriekontenrahmen** (IKR) verwendet, der in 10 Kontenklassen (0 bis 9) unterteilt ist. Die einzelnen **Kontenklassen** untergliedern sich in **Kontengruppen** (bspw. 28 flüssige Mittel). Diese beinhalten wiederum verschiedene **Kontenarten** (bspw. 280 Guthaben bei Kreditinstituten). Schließlich kann eine Kontenart aus mehreren einzelnen **Konten** bestehen (bspw. 2801 Girokonto Sparkasse Mainfranken).

2.1.3 Aufgaben der Finanzbuchhaltung

H 2009: A2a-b, 9 Pt.
F 2010: A1, 9 Pt.
F 2018: A1a, 9 Pt.

- **Informationsfunktion**: Dient zur Information der Adressaten über die wirtschaftliche Lage des Unternehmens.
- **Dokumentationsfunktion**: laufende, lückenlose, sachlich und zeitlich geordnete Aufzeichnung aller Geschäftsvorfälle.
- **Rechenschaftslegung** durch den Jahresabschluss.
- **Beweismittelfunktion** bei Rechtsstreitigkeiten: Die Zahlen der Finanzbuchhaltung belegen die angefallenen Geschäftsvorfälle.

2.2 Jahresabschluss

F 2013: A2, 9 Pt.

Der Gesetzgeber verpflichtet alle Kaufleute und alle Personen- und Kapitalgesellschaften zur Buchführung und damit auch zur Erstellung eines Jahresabschlusses. Dieser muss in Abhängigkeit von der Unternehmensrechtsform und bei Kapitalgesellschaften von der Unternehmensgröße gestaltet werden. Grundsätzlich kann ein Jahresabschluss die folgenden Elemente beinhalten:

- **Bilanz**
- **Gewinn- und Verlustrechnung (GuV)**
- **Anhang**
- **Lagebericht**

Eingetragene Kaufleute und Personengesellschaften sind dabei nur zur Aufstellung einer (vereinfachten) Bilanz und GuV verpflichtet. Kapitalgesellschaften müssen neben der Bilanz und GuV auch einen erläuternden Anhang sowie einen Lagebericht erstellen. Nur kleine Kapitalgesellschaften sind von der Erstellung eines Lageberichts befreit.

2.2.1 Aufbau der Bilanz

F 2009: **A2,** 12 Pt.
H 2011: **A2a-b,** 20 Pt.
F 2012: **A2,** 12 Pt.
H 2014: **A1a,** 12 Pt.
H 2015: **A1,** 12 Pt.
F 2016: **A2b,** 5 Pt.
H 2016: **A2,** 8 Pt.
H 2017: **A1b,** 6 Pt.
F 2018: **A1b,** 4 Pt.

Die **Bilanz** spiegelt wie das Inventar (vgl. S. 14) in einer **Zeitpunktbetrachtung** den Bestand an Vermögensgegenständen und Schulden zu einem bestimmten Zeitpunkt wieder. Die Differenz zwischen Vermögen und Schulden wird als Eigenkapital (bzw. Reinvermögen) bezeichnet. So viel ist das Unternehmen aus Sicht der Buchführung wert. In der Buchführung werden jedem Konto zwei Seiten zugewiesen. Dies gilt auch für die Bilanz. Jeder im Unternehmen befindliche Euro wird daher in der Bilanz zweimal ausgewiesen. Die rechte Seite (Passivseite bzw. Passiva) steht für die **Mittelherkunft** bzw. Finanzierung des Unternehmens. Sie legt offen, *woher die zur Verfügung stehenden Mittel stammen.* Dabei wird zwischen dem von den Eignern bzw. Gesellschaftern zur

Verfügung gestellten **Eigenkapital** und dem geliehenen **Fremdkapital** (= Schulden) unterschieden. Zum anderen gibt die linke Seite (Aktivseite bzw. **Aktiva**) Auskunft über die **Mittelverwendung**. Hier wird offen gelegt, wie der Euro investiert wurde. Dabei wird zwischen langfristig angelegtem **Anlagevermögen** und kurzfristig stark schwankendem **Umlaufvermögen** unterschieden. In der folgenden Abbildung wird die Gliederung der Bilanz für Kapitalgesellschaften stark vereinfacht gemäß § 266 HGB dargestellt.

Zahlenbeispiel zur Bilanz – Industrie

Eine vereinfachte Bilanz kleiner Kapitalgesellschaften für einen Industriebetrieb:

A		Bilanz in T€			P
A.	Anlagevermögen	50	A.	Eigenkapital	23
I.	Immaterielles Vermögen	5	I.	Gezeichnetes Kapital	14
II.	Sachanlagen	35	II.	Kapitalrücklage	0
III.	Finanzanlagen	10	III.	Gewinnrücklage	3
B.	Umlaufvermögen	95	IV.	Gewinn-/Verlustvortrag	2
I	Vorräte	17	V.	Jahresüberschuss	4
II	Forderungen	35	B.	Rückstellungen	12
III	Wertpapiere	40	C.	Verbindlichkeiten	110
IV	Kassenbestände, Bankguthaben, Schecks	3			
Summe		145	Summe		145

↓ Aktivseite der Bilanz
= Vermögen
= Mittelverwendung
= **Investition**

↓ Passivseite der Bilanz
= Kapital
= Mittelherkunft
= **Finanzierung**

Zum **Anlagevermögen** zählen alle Vermögensgegenstände, die für den langfristigen Verbleib im Unternehmen vorgesehen sind: **immaterielle Vermögensgegenstände**, **Sachanlagen** (bspw. Grundstücke und Gebäude, Maschinen, Fuhrpark sowie die Betriebs- & Geschäftsausstattung) und **Finanzanlagen**. Zum **Umlaufvermögen** zählen alle Vermögensgegenstände, die nur für den vorübergehenden Verbleib im Unternehmen bestimmt sind und ständigen Veränderungen unterliegen: Vorräte (Roh-, Hilfs- und Betriebsstoffe, Fertigerzeugnisse bei Industriebetrieben sowie Warenbestände bei Handelsbetrieben), Forderungen, Wertpapiere, Kassenbestände und Bankguthaben.

Das eigentliche **Fremdkapital** besteht aus den Rückstellungen und Verbindlichkeiten. Die **Rückstellungen** stellen Schulden dar, deren Höhe und Zahlungszeitpunkt noch nicht exakt bekannt sind, aber voraussichtlich anfallen werden. Dazu zählen Rückstellungen für Betriebspensionen, Steuern, unterlassene Instandhaltungen und drohende Verluste aus laufenden Geschäften. Die **Verbindlichkeiten** sind die eigentlichen konkreten Schulden des Unternehmens: bspw. **Darlehen** und **Kontokorrentkredite** gegenüber Kreditinstituten, **Verbindlichkeiten aus Lieferungen und Leistungen** (VLL) gegenüber Lieferanten und sonstige Verbindlichkeiten (bspw. Steuerschulden).

Das **Eigenkapital** ist der Saldo zwischen Vermögen und Schulden. Dazu zählen bei einer Aktiengesellschaft:

- gezeichnetes Kapital: entspricht dem gesamten Nennwert aller Aktien bzw. den Einlagen der Gesellschafter
- **Rücklagen**: Kapital- u. Gewinnrücklagen (bei Selbstfinanzierung)
- Gewinnvortrag/Verlustvortrag = Bilanzgewinn des Vorjahres
- Jahresüberschuss aus der GuV
- Bilanzgewinn = Ergebnis nach Verwendung des Jahresüberschusses und Korrektur um Gewinn-/Verlustvortrag

Tipp:

Rücklagen sind ein Teil des Eigenkapitals und Rückstellungen gehören zum Fremdkapital.

2

2.2.2 Bestandskonten und Erfolgskonten

Bestandskonten

H 2008: A2, 10 Pt.
H 2010: A2a-d, 12 Pt.
F 2011: A3, 10 Pt.
F 2014: A1a-d, 12 Pt.
F 2015: A2a-c, 5 Pt.
H 2015: A2, 12 Pt.
F 2016: A1, 8 Pt.
F 2017: A1, 8 Pt.

Die vier möglichen Arten von Geschäftsvorfällen

Alle Geschäftsvorfälle eines Unternehmens lassen sich den folgenden vier Arten zuordnen:

- **Aktivtausch:** Diese Geschäftsvorfälle berühren nur die Aktivseite der Bilanz. Zumindest eine Position der Aktivseite wird größer, während zumindest eine andere Position der Aktivseite im Gegenzug verringert wird. *Bsp.: Der Barkauf eines neuen PKWs erhöht das Konto Fuhrpark und verringert das Konto Kasse.*

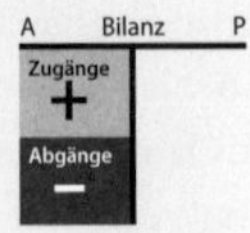

- **Passivtausch:** Diese Geschäftsvorfälle berühren nur die Passivseite der Bilanz. Zumindest eine Position der Passivseite wird größer, während zumindest eine andere Position der Passivseite verringert wird. *Bsp.: Eine kurzfristige Lieferantenschuld wird in ein langfristiges Darlehen umgewandelt.*

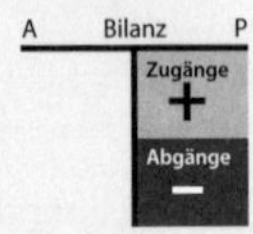

- **Bilanzverlängerung bzw. Aktiv-Passiv-Mehrung:** Bei diesen Geschäftsvorfällen wird sowohl zumindest eine Position der Aktivseite als auch zumindest eine Position der Passivseite **größer**. *Bsp.: Der Kauf von Waren auf Ziel (= auf Rechnung) erhöht auf der Aktivseite die Warenbestände und auf der Passivseite die Lieferantenschulden.*

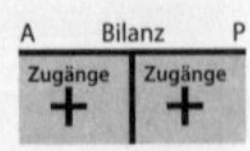

- **Bilanzverkürzung bzw. Aktiv-Passiv-Minderung:** Bei diesen Geschäftsvorfällen wird sowohl zumindest eine Position der Aktivseite als auch zumindest eine Position der Passivseite **kleiner**. *Bsp.: Die Tilgung von Darlehen reduziert auf der Aktivseite unser Bankkonto und auf der Passivseite die Darlehensschulden.*

Die Bilanz ist eine Momentaufnahme für einen bestimmten Zeitpunkt. Im Laufe eines Geschäftsjahres ergeben sich zahlreiche Geschäftsvorfälle, die Einfluss auf die Bilanz haben. In der Buchführung werden alle Geschäftsvorfälle in einzelnen **Konten** verbucht, aus denen jeweils am Ende des Geschäftsjahres eine Bilanz erstellt wird. Dabei wird für jede Position der Bilanz ein eigenes Konto geführt. Dies hat den zusätzlichen Vorteil, dass alle Veränderungen eines Geschäftsjahres, die diese Position betreffen, schnell zusammengefasst und analysiert werden können.

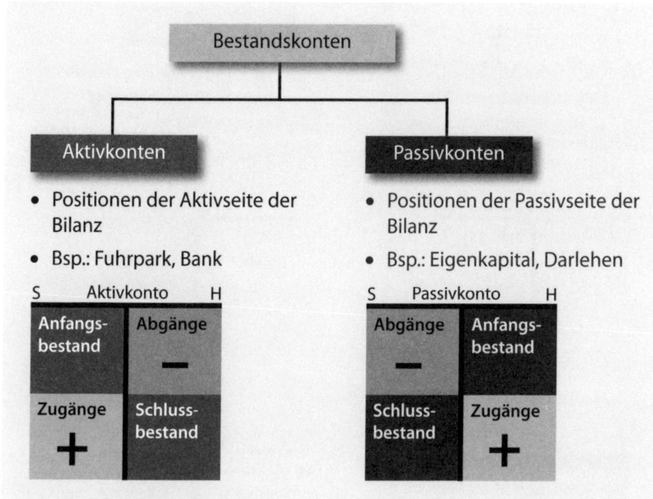

Diese **Bestandskonten**, die sich aus der Bilanz ableiten lassen, werden *aktive und passive Bestandskonten* genannt, je nachdem welcher Seite der Bilanz sie entstammen. Die **Aktivkonten** werden für jede Position der Aktivseite der Bilanz gebildet. Auf der linken Seite werden der **Anfangsbestand** (AB) aus der Schlussbilanz des Vorjahres sowie alle **Zugänge** im Laufe des Geschäftsjahres aufgelistet. Auf der rechten Seite werden alle **Abgänge** des Geschäftsjahres sowie der **Schlussbestand** (SB), der in die Schlussbilanz des Geschäftsjahres übernommen wird, ausgewiesen (SB = AB + Zugänge – Abgänge). Die **Passivkonten** werden für jede Position auf der Passivseite der Bilanz gebildet und sind **spiegelbildlich** zu den Aktivkonten.

F 2015: A2a-c, 10 Pt.

2

Erfolgskonten

Die Geschäftsvorfälle, die das **Eigenkapital** berühren, sind immer noch zu vielfältig.

H 2012: A3a-e, 15 Pt.
F 2015: A2a-c, 5 Pt.

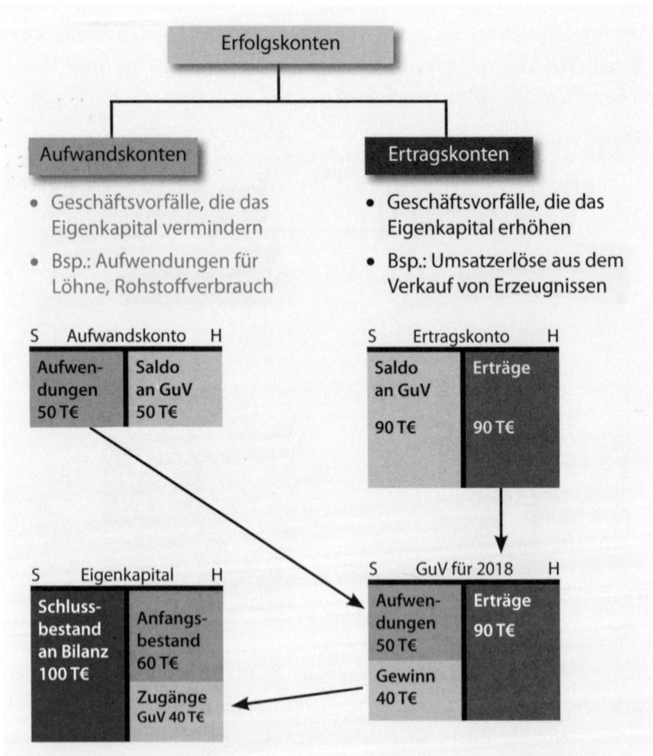

Die GuV als *Unterkonto* des Eigenkapitals setzt sich aus *Aufwendungen* und *Erträgen* zusammen. Für diese werden verschiedene **Aufwandskonten** und **Ertragskonten** als Unterkonten der GuV geführt. Diese Konten gehören zu den **Erfolgskonten** und werden über die GuV abgeschlossen und ergeben den Gewinn oder Verlust eines Geschäftsjahres. Die GuV wird über das Konto Eigenkapital abgeschlossen.

Erfolgsermittlung

Bilanzvergleich

Ermittlung des Erfolgs durch Eigenkapitalvergleich unter Berücksichtigung von Einlagen und Entnahmen

Berechnungsschema:

Eigenkapital aktuelles Jahr	135 T€
– Eigenkapital des Vorjahres	– 60 T€
+ Privatentnahmen	+ 40 T€
– Privateinlagen	– 75 T€
= Gewinn bzw. Verlust 2018	**+ 40 T€**

GuV

Ermittlung in der Gewinn- und Verlustrechnung

Berechnungsschema:

Erträge	90 T€
– Aufwendungen	– 50 T€
= Gewinn bzw. Verlust 2018	**+ 40 T€**

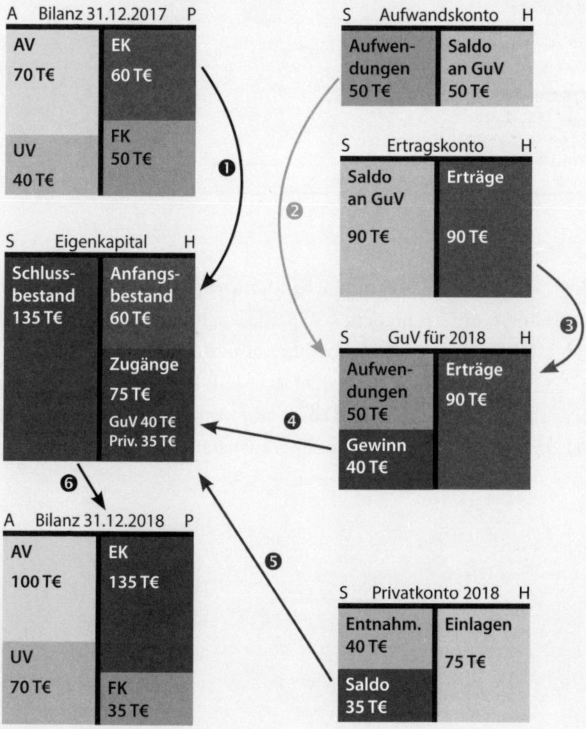

2

2.2.3 Gewinn- und Verlustrechnung

H 2015: A1, 12 Pt.
H 2017: A1a, 12 Pt.

Die GuV ist eine **Zeitraumbetrachtung**. In ihr werden die **Erträge** den **Aufwendungen** gegenübergestellt. Sofern die Erträge größer (kleiner) als die Aufwendungen sind, spricht man von einem **Gewinn** (Verlust).

S GuV 2018 in T€ H

Aufwendungen	1.500	Erträge	2.000
Fertigungsmaterial	400	Erlöse	1.740
Fertigungslöhne	400	Mehrbestand Fertigerz.	125
Gehälter	285	Mieterträge	135
Betriebsstoffe	60		
Zinsaufwand	10		
Spenden	165		
Abschreibungen	80		
Sonstiger Aufwand	100		
Gewinn	500		
Summe	2.000	Summe	2.000

Es wird zwischen der bekannten **Kontenform** (siehe Abb. oben) und der **Staffelform** unterschieden. § 275 HGB schreibt die Staffelform für Kapitalgesellschaften vor. Für Personenunternehmen (Einzelunternehmen u. Personengesellschaften) sieht das HGB keine bestimmte Gliederung vor. Nach § 242 HGB sind diese nur verpflichtet, in der GuV die Aufwendungen und Erträge gegenüberzustellen.

3 Kosten- und Leistungsrechnung

3.1 Einführung in die Kostenrechnung

3.1.1 Ausrichtung der Kostenrechnung

Zur Erfüllung der Aufgaben der Kostenrechnung sind verschiedene **Kostenrechnungssysteme** im Umlauf. Zunächst unterscheiden sich diese Systeme hinsichtlich des **Zeitbezugs**:

- Die **Istkostenrechnung** basiert auf den ermittelten Zahlen des Abrechnungszeitraums (für gewöhnlich der gerade abgelaufene Monat) und ist damit vergangenheitsorientiert.
- Die **Normalkostenrechnung** vergleicht hiermit Durchschnittswerte vergangener Monate und ist damit auch vergangenheitsbezogen.
- Die **Plankostenrechnung** ist demgegenüber zukunftsbezogen und setzt Planzahlen für den kommenden Betrachtungszeitraum an – für gewöhnlich der folgende Monat.

Zudem werden Kostenrechnungssysteme danach unterschieden, ob sie **alle Kosten** (Vollkostenrechnung) oder nur einen **Teil der Kosten** (Teilkostenrechnung bzw. Deckungsbeitragsrechnung) berücksichtigen:

- In der **Vollkostenrechnung** werden grundsätzlich alle Kosten berücksichtigt. Daraus leitet sich dann der Selbstkostenpreis ab, der die langfristige Preisuntergrenze darstellt.
- In der **Teilkostenrechnung** (Deckungsbeitragsrechnung) werden nur jeweils die **entscheidungsrelevanten Kosten** berücksichtigt. In bestimmten Entscheidungssituationen sind bspw. nur die variablen Kosten relevant, während die Fixkosten nicht betroffen sind. Die variablen Kosten stellen dabei die kurzfristige Preisuntergrenze dar.

Schließlich gibt es gegenüber diesen traditionellen Formen der Kostenrechnung auch moderne **Alternativen** bzw. **Ergänzungen**:

- Die **Zielkostenrechnung** (target costing) stellt eine Form der retrograden Kalkulation dar, bei der von den maximal am Markt erzielbaren Verkaufspreisen auf die allenfalls erlaubten Kosten rückgeschlossen wird.
- Die **Prozesskostenrechnung** stellt eine radikale Neuausrichtung der Kostenrechnung dar, bei der nicht mehr die Kostenstellen, sondern einzelne Abläufe (Prozesse) im Vordergrund stehen.

3.1.2 Bereiche der Kostenrechnung

Die Kostenrechnung besteht unabhängig von der Art des Kostenrechnungssystems aus drei grundlegenden **Teilbereichen**:

A. Die **Kostenartenrechnung** (mit der **Abgrenzungsrechnung** ❷ bzw. **A-Maschine**) erfasst zunächst die Kosten und Leistungen ❸. Die Datenbasis für die Kostenartenrechnung ist die Buchführung ❶ mit ihrer GuV. Es wird zwischen Einzel- ❺ und Gemeinkosten ❹ unterschieden.

   Frage: Was für Kosten sind entstanden?

B. Die **Kostenstellenrechnung** (mit dem **Betriebsabrechnungsbogen BAB** ❻ bzw. **B-Maschine**) dient zwei Zielen: Es kann damit eine effektive Kontrolle der Kosten erfolgen. Zudem können hier die Zuschlagssätze ❼ für die Kalkulation ermittelt werden. Zu diesem Zweck werden die Gemeinkosten auf die Kostenstellen verteilt ❹.

   Frage: Wo sind die Kosten entstanden?

C. Die **Kostenträgerrechnung** dient ebenfalls zwei Zielen:

   Frage: Wofür sind die Kosten entstanden?

   - In der **Kostenträgerstückrechnung** ❽ wird die Preiskalkulation ❾ (**Kalkulation** bzw. **Calculation** bzw. **C-Maschine**) durchgeführt.
   - In der **Kostenträgerzeitrechnung** erfolgt die Ergebniskontrolle. Hier wird das Betriebsergebnis (Gewinn) insgesamt und je Erzeugnisgruppe bzw. je Artikel berechnet.

Zusammenfassung Teilbereiche der Kostenrechnung 1

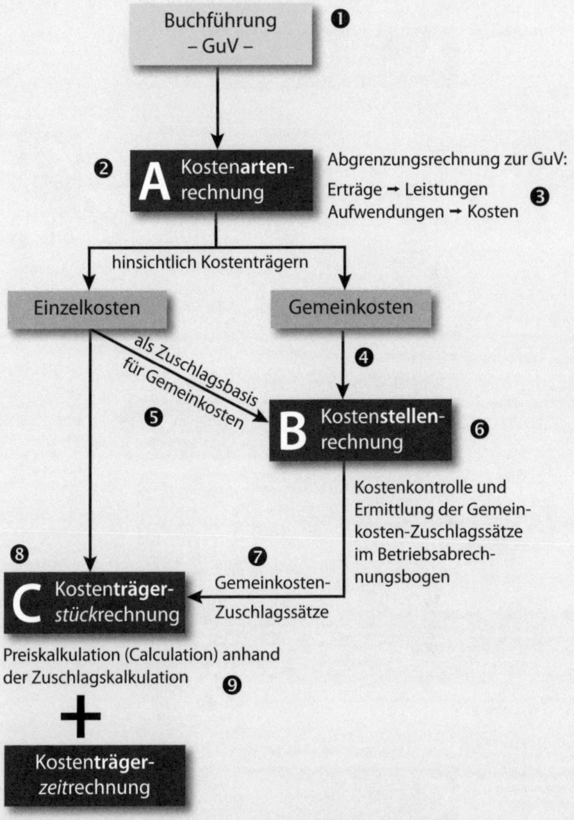

Ermittlung des *Betriebsergebnisses* insgesamt und je Kostenträger (Artikel, Warengruppe). In zwei Schritten werden von den Erlösen zunächst die **Einzelkosten** und dann die **Gemeinkosten** abgezogen.

Hinweis:

Auf der folgenden Seite werden die Zusammenhänge zwischen diesen drei grundlegenden Teilbereichen der Kostenrechnung nochmals verdeutlicht. Dabei verwende ich gerne die Begriffe A-, B- und C-Maschine. Diese Begriffe stellen meine »Erfindung« dar und werden nicht allgemein verwendet.

3

Zusammenfassung Teilbereiche der Kostenrechnung 2

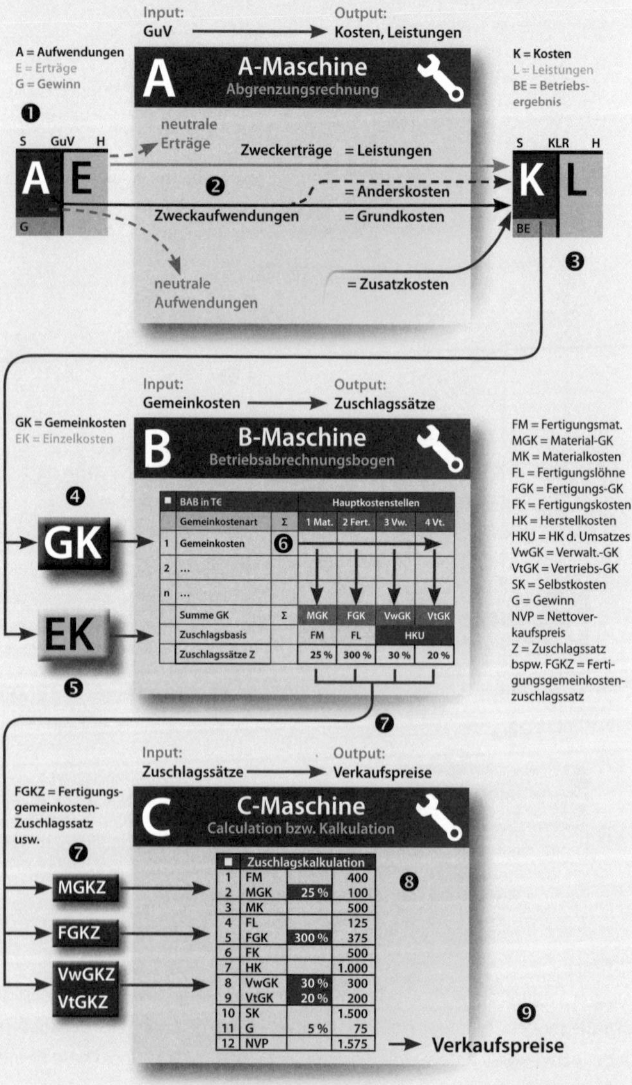

3.1.3 Aufgaben und Ziele der Kostenrechnung

Zu den **Zielen/Aufgaben der Kostenrechnung** zählen:

- **Kostenkontrolle:** Die Kostenrechnung muss prüfen, inwiefern die Kosten den Soll-Vorgaben entsprechen.
- **Preiskalkulation:** Grundsätzlich sollte jedes Unternehmen wissen, welcher Preis erzielt werden müsste, um die Kosten zu decken und den gewünschten Gewinn realisieren zu können.
- **Ergebniskontrolle:** Es soll ermittelt werden, inwiefern das Unternehmen insgesamt einen Gewinn erzielt und inwiefern die einzelnen Erzeugnisse bzw. Erzeugnisgruppen dazu beitragen.
- **Bewertungsgrundlage:** Die Kostenrechnung dient der Bewertung der fertigen und unfertigen Erzeugnisse.
- **Entscheidungsgrundlage:** Schließlich dient die Kostenrechnung als Grundlage für zahlreiche Entscheidungen – bzgl. der Preise, der Mengen, des Sortiments oder der Möglichkeit von Sonderaktionen.

3.1.4 Abgrenzungsrechnung

Ziele/Aufgaben der Abgrenzungsrechnung

F 2012: A5b, 4 Pt.

In der Abgrenzungsrechnung werden die Aufwendungen und Erträge aus der GuV der Buchführung entnommen und für die Zwecke der Kosten- und Leistungsrechnung angepasst. Dabei entfallen neutrale Aufwendungen und Erträge, während Anderskosten von der Höhe korrigiert werden und Zusatzkosten hinzukommen.

Ergebnisse der Abgrenzungsrechnung

F 2010: A7, 7 Pt.

- **Unternehmensergebnis** = Gewinn oder Verlust der GuV in der Buchhaltung: Gewinn = Erträge – Aufwendungen

3

- **neutrales Ergebnis** = neutrale Erträge abzgl. neutrale Aufwendungen und Abgrenzung durch Anders- und Zusatzkosten
- **Betriebsergebnis** = »Gewinn bzw. Verlust« in der Kosten- und Leistungsrechnung: Betriebsergebnis = Leistungen – Kosten

Begriffe zur Mehrung und Minderung des Vermögens

F 2013: A4, 12 Pt.
F 2016: A6, 12 Pt.

In der folgenden Tabelle werden wichtige Begriffe unterschieden. Die **Kosten** sind eng mit den **Aufwendungen** verwandt, aber nicht identisch. Der Unterschied zwischen den beiden Begriffen wird anschließend ausführlich behandelt.

	Mehrung	Minderung
Barvermögen (Kasse + Bank)	**Einzahlungen** (bspw. Barzahlung eines Kunden)	**Auszahlungen** (bspw. Überweisung an einen Lieferanten)
Geldvermögen (Kasse, Bank, VLL, FLL)	**Einnahmen** (Forderungen gegenüber Kunden = FLL)	**Ausgaben** (Verbindlichkeiten gg. Lieferanten = VLL)
Gesamtvermögen des Unternehmens	**Erträge** (Buchgewinne bei Grundstücken)	**Aufwendungen** (bilanzielle Abschreibungen)
betrieblich genutzter Teil des **Gesamtvermögens**	**Leistungen** (Erlöse)	**Kosten** (kalkulatorische Abschreibungen)

Aufwendungen und Kosten

H 2008: A3a, 9 Pt.
F 2009: A3a-b, 12 Pt.
F 2010: A2a, 6 Pt.
H 2010: A3a-e, 10 Pt.
F 2012: A5a, 8 Pt.
H 2012: A1b,d-f, 8 Pt.
H 2014: A3, 10 Pt.
F 2018: A3, 8 Pt.

Neutrale Aufwendungen können zwar in der Buchhaltung gegenüber dem Finanzamt als Aufwendungen verbucht werden und reduzieren damit den zu versteuernden Gewinn. In der Kostenrechnung haben Sie allerdings nichts zu suchen. Dabei werden drei Gruppen von neutralen Aufwendungen unterschieden: (1) Die **betriebsfremden** neutralen Aufwendungen sind nicht für den Betriebszweck entstanden. Sofern wir von einem Industriebetrieb ausgehen, wären Aufwendungen, die im Zusammenhang mit Wertpapiergeschäften stehen, betriebsfremd. (2) Zu den neutralen Aufwendungen zählen aber auch **außerordentliche** Positionen der GuV. Dies könnten Schäden sein, die durch Feuer und Wasser entstanden und nicht genügend versichert wurden. (3) Schließlich sollten noch die **periodenfremden** neutralen Aufwendungen ausgesondert werden (bspw. Steuernachzahlungen).

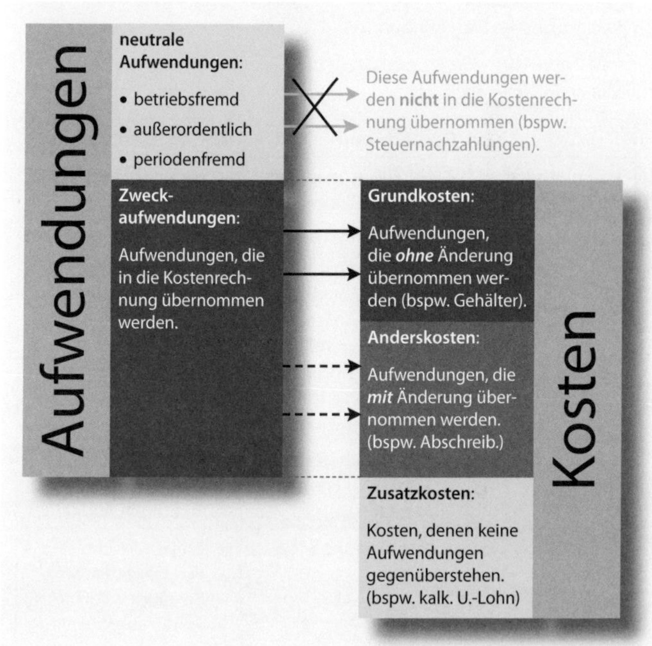

Die verbleibenden **Zweckaufwendungen** werden aus der GuV in die Kostenrechnung übernommen. Dies ist die Mehrzahl der Aufwandsarten. Zumeist werden sie wie Gehälter unverändert in die GuV übernommen. Sie heißen dann **Grundkosten**. Ein Teil wird indessen in der Höhe des Wertes angepasst als **Anderskosten** in die Kostenrechnung übernommen (bspw. Abschreibungen). Den **Zusatzkosten** stehen keine Aufwendungen gegenüber. Sie dürfen gar nicht in der GuV erfasst werden (bspw. kalkulatorischer Unternehmerlohn).

Kalkulatorische Kosten im Überblick

H **2008: A3b,** 6 Pt.
F **2010: A2b,** 9 Pt.
F **2011: A2,** 9 Pt.
H **2013: A4a-b,** 16 Pt.
F **2017: A2c,** 4 Pt.
H **2017: A2a-b,** 13 Pt.

kalkulatorische Kosten

Anderskosten

- kalkulatorische Abschreibungen
- kalkulatorische Zinsen
- kalkulatorische Wagnisse

Zusatzkosten

- kalkulatorischer Unternehmerlohn
- kalkulatorische Miete

	Buchführung	**Kostenrechnung**
kalkulatorische Abschreibungen	• Nutzungsdauer laut AfA-Tabellen • ggf. degressiv • Bemessungsgrundlage: Abschreibung von den Anschaffungs-/Herstellungskosten (Prinzip: nominelle Kapitalerhaltung)	• voraussichtliche Nutzungsdauer • zumeist linear • Bemessungsgrundlage: Abschreibung vom Wiederbeschaffungswert (Prinzip: substanzielle Kapitalerhaltung)
kalkulatorische Zinsen	• tatsächlich gezahlte Zinsen für Fremdkapital	• kalkulierte Zinsen vom betriebsnotwendigen Kapital
kalkulatorische Wagnisse	• entstandene Schäden	• erfassbare Einzelwagnisse (bspw. Bestände-, Vertriebs-, Forderungsausfallwagnis)
kalkulatorischer Unternehmerlohn	• darf nicht verbucht werden (bei Einzelunternehmen/Personengesellschaften)	• die Leistung der geschäftsführenden Unternehmer sollte einkalkuliert werden
kalkulatorische Miete	• Miete für eigene Grundstücke u. Gebäude der Unternehmer darf nicht verbucht werden	• es sollte hierfür eine ortsübliche Miete einkalkuliert werden

Erträge und Leistungen

H 2012: A1a,c, 4 Pt.
F 2013: A4, 12 Pt.
H 2014: A3, 2 Pt.
F 2018: A3, 4 Pt.

Zu den **neutralen Erträgen** zählen alle **betriebsfremden** (bspw. Gewinne aus spekulativen Wertpapiergeschäften), **außerordentlichen** (bspw. Verkauf eines Grundstücks über Buchwert) sowie **periodenfremden** Erträge (bspw. Steuererstattungen). Die Zweckerträge (Umsatzerlöse, Mehrbestände von fertigen oder unfertigen Erzeugnissen) werden in die Kostenrechnung als Leistungen übernommen.

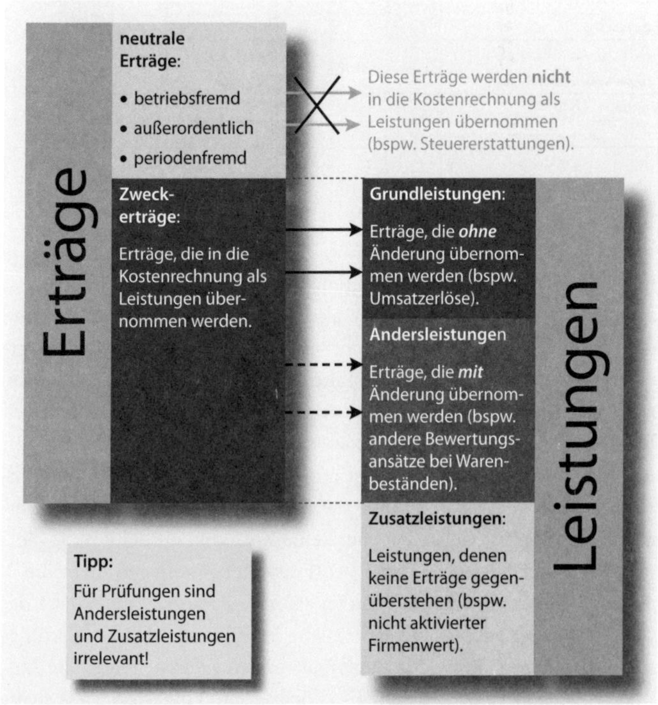

Den Zweckerträgen stehen die Grundleistungen, die unverändert übernommen werden (bspw. Umsatzerlöse) und die Andersleistungen gegenüber, die verändert übernommen werden.

3

Abgrenzungsrechnung

Abgrenzungsrechnung	Rechn.-kreis I		Rechnungskreis II					
in T€	GuV		neutral		Korrektur		KLR	
	Aufw.	Ertr.	Aufw.	Ertr.	Aufw.	Ertr.	Kost.	Leist.
	S 1	H 2	S 3	H 4	S 5	H 6	S 7	H 8
Zweckerträge (bspw. Umsatzerlöse)		1.000						1.000
Neutrale Erträge (bspw. Spekulationsgewinne)		100		100				
Zweckaufwendungen (bspw. Löhne)	700						700	
Neutrale Aufwendungen (bspw. Steuernachzahlungen)	50		50					
Anderskosten (bspw. Abschreibungen)	150				150	100	100	
Zusatzkosten (bspw. kalk. Unternehmerlohn)						25	25	
Summe	900	1.100	50	100	150	125	825	1.000
Saldo	200		50			25	175	

Es werden 6 Fälle in der Abgrenzungsrechnung unterschieden: **1. Zweckerträge** werden in der GuV als Erträge in der Spalte 2 erfasst und direkt als Leistungen in Spalte 8 übernommen. **2. Neutrale Erträge** werden in der GuV als Erträge in Spalte 2 erfasst, stellen aber keine Leistungen in der KLR in Spalte 8 dar. Als Auffangbecken für die neutralen Erträge gilt die 4. Spalte. **3. Zweckaufwendungen** werden in der GuV als Aufwendungen in Spalte 1 erfasst und als Kosten in Spalte 7 übernommen. **4. Neutrale Aufwendungen** werden in der GuV als Aufwendungen in Spalte 1 erfasst, stellen aber keine Kosten in der KLR in Spalte 7 dar. Als Auffangbecken für die neutralen Aufwendungen dient die 3. Spalte. **5.** Die **Anderskosten** werden als Aufwendungen in Spalte 1 der GuV erfasst. Sie werden zudem in Spalte 7 als Kosten erfasst – allerdings mit einer anderen Zahl. Die Gegenbuchungen erfordern, dass die Aufwendungen aus Spalte 1 nochmals in Spalte 5 und die Kosten aus Spalte 7 nochmals in Spalte 6 als kostenrechnerische Korrekturen erfasst werden. **6.** Die **Zusatzkosten** haben in der GuV nichts zu suchen, sondern werden als Kosten in Spalte 7 erfasst. Zum notwendigen Ausgleich wird als Korrektur eine Gegenbuchung in Spalte 6 vorgenommen.

3.2 Kostenartenrechnung

3.2.1 Erfassung der Kosten

H 2009: A6, 12 Pt.

Die Problematik soll am Beispiel der Materialkosten aufgezeigt werden. Materialkosten fallen für Roh-, Hilfs-, und Betriebsstoffe sowie Fertigbauteile an:

- **Rohstoffe** stellen den Hauptbestandteil eines Produkts dar.
- **Hilfsstoffe** gehen in das Produkt ein, sind aber kein Hauptbestandteil (bspw. Schrauben).
- **Betriebsstoffe** gehen nicht in das Produkt ein, sondern dienen nur der Herstellung (bspw. Strom).
- **Fertigbauteile** werden von einem Lieferanten komplett montierbar zugekauft.

(1) Bei der **Ermittlung der Verbrauchsmengen** werden drei Verfahren unterschieden.

- **Inventurmethode:** Zählt man zum jeweiligen Anfangsbestand eines Monats die Zugänge hinzu und zieht hiervon den durch Inventur erfassten Endbestand ab, erhält man die Verbrauchsmengen. Diese Methode erfordert aber eine regelmäßige Bestandserfassung (Inventur). Zudem ist nicht ersichtlich, wofür das Material verbraucht wurde (bspw. auch Verderb, Schwund oder Diebstahl).
- **Fortschreibungsmethode** (Skontrationsmethode): Sie basiert auf einer ausgebauten Lagerbuchhaltung. Zugänge werden anhand von Lieferscheinen und Abgänge anhand von Materialentnahmescheinen erfasst. Somit lässt sich jederzeit ein rechnerischer Sollbestand ermitteln: Soll-Endbestand = Anfangsbestand + Zugänge – Abgänge. Der große Nachteil liegt in nicht oder falsch erfassten Zu- und Abgängen durch Fehlbuchungen, Verderb, Schwund und Diebstahl. Erst die jährliche Inventur erfasst diesen Abstand zwischen Soll- und Istbeständen.

- **Rückrechnungsmethode** (retrograde Methode): Diese Methode berechnet anhand von Stücklisten die notwendigen Mengen an Material für die Produktion eines Kostenträgers.

Zur Erfassung der Verbrauchsmengen sind je nach Verfahren unterschiedliche **Belege** erforderlich:

- **Materialentnahmescheine** bei der Fortschreibungsmethode zur exakten Erfassung der für die Fertigung entnommenen Materialien mit Angabe von Zeit, Kostenstelle und möglichst Kostenträger.
- **Stücklisten** bei der retrograden Methode, auf denen genau erfasst wird, welche Mengen von welchen Materialien für die Herstellung eines bestimmten Kostenträgers notwendig sind.
- **Lieferscheine** über die Zugänge an Material.

(2) Zur **Bewertung des Materialverbrauchs** werden insbesondere die folgenden **Verbrauchsfolgeverfahren** verwendet:

- **Last-in-first-out** (LIFO): Hier wird bei der Bewertung davon ausgegangen, dass die zuletzt eingelieferten Zugänge zuerst verbraucht werden. Dies hätten wir im Lager bspw. dann, wenn Neuzugänge zuvorderst gelagert werden und zuerst entnommen werden.
- **First-in-first-out** (FIFO): Hier wird bei der Bewertung davon ausgegangen, dass die zuerst angelieferten Zugänge zuerst verbraucht werden. Hier würden wie im Supermarkt die Neuzugänge hinten eingelagert und daher die Altbestände vorne zuerst entnommen.
- **Highest-in-first-out** (HIFO): Es werden die am teuersten eingekauften Zugänge zuerst verbraucht.

3.2.2 Gliederung der Kosten

Wie lassen sich Kosten in Kategorien pressen? Kosten lassen sich bspw. nach den **betrieblichen Produktionsfaktoren** unterscheiden: Personalkosten, Materialeinsatz, Dienstleistungskosten, Zinsen und Mieten. Daneben ist eine Einteilung nach den **betrieblichen Funktionsbereichen**

Beschaffung, Fertigung, Lagerung, Verwaltung und Vertrieb denkbar. Zudem könnte auch die **Kostenherkunft** eine Rolle spielen: Zu den **Primärkosten** zählen alle von außen verursachten Kosten. Das sind bspw. Löhne u. Gehälter und Strom. Die **Sekundärkosten** fallen bei einer innerbetrieblichen Leistungsverrechnung an. Darüber hinaus sind noch die folgenden Formen der Einteilung von Kosten geläufig:

Kosteneinteilung nach der Erfassung

- Als **aufwandsgleiche Kosten** werden diejenigen Kosten bezeichnet, denen identische Aufwendungen gegenüber stehen. Dazu zählen bspw. Löhne/Gehälter. Sofern auch Auszahlungen zugrunde liegen, spricht man von **pagatorischen Kosten**.
- Zu den **kalkulatorischen Kosten** (Anders- und Zusatzkosten) zählen diejenigen Kosten, die sich nicht direkt aus der GuV eines Unternehmens ablesen lassen, sondern zusätzlicher Rechenschritte (Kalkulationen) bedürfen.

Kosteneinteilung bzgl. Beschäftigungsschwankungen

H 2010: A4, 4 Pt.

- Die **variablen Kosten** sind vom Beschäftigungsgrad abhängig. So nimmt der Rohstoffverbrauch im Industriebetrieb zu, wenn die Produktionsmenge steigt.
- Die **Fixkosten** sind hingegen die Kosten, die unabhängig vom Beschäftigungsgrad sind. Mieten fallen bspw. unabhängig davon an, wie viel produziert oder verkauft wird.

Kosteneinteilung nach der Zurechenbarkeit

H 2008: A5c, 4 Pt.
H 2009: A3c, 4 Pt.
H 2010: A4, 4 Pt.

- Direkt den Kostenträgern oder -stellen zurechenbare Kosten werden als **Einzelkosten** bezeichnet.
- Die **Gemeinkosten** fallen hingegen für mehrere oder alle Produkte an, und sind nicht nur einem einzelnen Kostenträger bzw. einer einzelnen Kostenstelle zurechenbar. Zu den Gemeinkosten zählen ebenfalls Mieten.

Die entscheidende Frage ist dabei, worauf es bezogen werden soll. Es könnte eine Zuordnung zu den **Kostenträgern** (Kt.; d. h. Artikeln oder Aufträgen) oder zu den **Kostenstellen** (Kst.; d. h. Abteilungen bzw. Orten der Kostenentstehung) erfolgen.

- **Kostenträger-Einzelkosten** sind Kosten, die *direkt* einem Kostenträger zugerechnet werden können. In der Industrie wäre dies bspw. das Fertigungsmaterial, das sich anhand von Stücklisten recht genau dem einzelnen Werkstück (= Kostenträger) zurechnen lässt.
- **Kostenträger-Gemeinkosten** sind Kosten, die sich hingegen *nicht direkt* einem Artikel zuordnen lassen. Sie entstehen für alle oder mehrere Artikel oder Aufträge gemeinsam. Dazu zählen bspw. die Miete, Gehälter (in der Verwaltung), Büromaterial, Werbekosten.

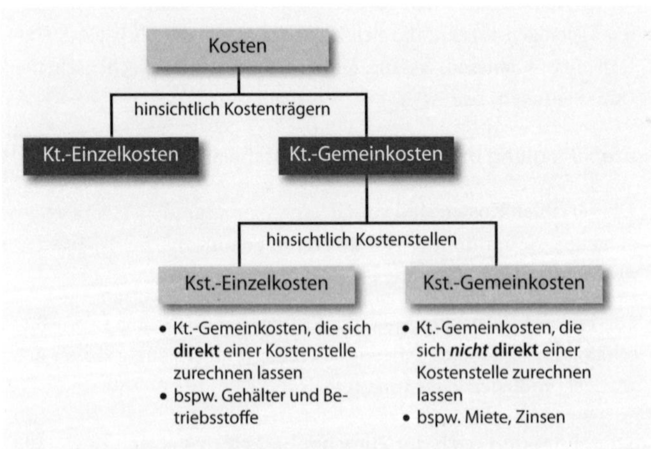

Folglich bereiten, sofern es sich um ein Mehrproduktunternehmen handelt, die (Kostenträger-) **Gemeinkosten** das eigentliche **Problem**. Zur Lösung des Problems wird nun ein kleiner Umweg gemacht. Wenn die Gemeinkosten schon nicht einzelnen Kostenträgern zurechenbar sind, so lassen Sie sich aber einzelnen Orten der Kostenentstehung (**Kostenstellen**) direkt oder indirekt zuordnen.

3.3 Kostenstellenrechnung

3.3.1 Kostenzurechnung im BAB

Zu den Zielen/Aufgaben des **Betriebsabrechnungsbogens** (BAB) zählen: (1) verursachungsgerechte Verteilung der Gemeinkosten, (2) innerbetriebliche Leistungsverrechnung, (3) Ermittlung von Gemeinkostenzuschlagssätzen und (4) die Kostenkontrolle.

H **2008: A5a,** 4 Pt.
F **2009: A5a-b,** 6 Pt.
H **2010: A5a,** 18 Pt.
F **2012: A3a,** 8 Pt.
H **2014: A4a,** 12 Pt.
H **2017: A3a,** 9 Pt.

Kostenstellen sind einfach Orte oder Bereiche in denen Kosten entstehen. Für gewöhnlich wird der Betrieb nach funktionaler Gliederung anhand von Abteilungen in Kostenstellen eingeteilt. Grundsätzlich ist es wichtig, dass es für jede Kostenstelle auch einen *Kostenverantwortlichen* gibt, da ein Ziel der Kostenstellenrechnung auch die Kostenkontrolle ist.

Zudem wird zwischen Hauptkostenstellen und Hilfskostenstellen unterschieden. Allerdings wird dies nicht in jedem Betrieb gleich gehandhabt. Für die **Hauptkostenstellen** werden Zuschlagssätze ermittelt, die dann in der Preiskalkulation unentbehrlich sind. Die **Hilfskostenstellen** haben eine eher unterstützende Funktion und können für alle anderen Kostenstellen von Bedeutung sein (bspw. die Energieversorgung).

Die Gemeinkosten aus der Kostenartenrechnung werden im Betriebsabrechnungsbogen (BAB) auf die einzelnen Kostenstellen verteilt:

❶ Der Betriebsabrechnungsbogen (BAB) wird mit den Daten aus der Abgrenzungsrechnung gefüttert. Dabei werden zunächst die (Kostenträger-) **Gemeinkosten** übernommen.

❷ Die Gemeinkosten werden im nächsten Schritt auf die verschiedenen **Kostenstellen** verteilt. Kostenstellen-Einzelkosten können dabei *direkt*, sofern die entsprechenden Informationen vorliegen, zugeordnet werden. Die Kostenstellen-Gemeinkosten müssen hingegen anhand von *Schlüsseln* zugewiesen werden.

■	BAB in T€			Hilfskostenst.		Hauptkostenstellen			
	Gemeinkosten	Verteil.	Σ	1 AK	2 F & E	3 Mat.	4 Fert.	5 Vw.	6 Vt.
1	Gemeinkosten ❶		...T€						❷
2	...		...T€						
n	...		...T€						
	Summe prim. GK		Σ	Σ	Σ	Σ	❸ Σ	Σ	Σ
	Umlagen - sek. GK					❹		❺	
	Summe GK		Σ			MGK	FGK	VwGK	VtGK
	Zuschlagsbasis				❻	FM	FL	❼ HKU	
	Zuschlagssätze				❽	... %	... %	... %	... %

❸ Wenn alle Gemeinkosten auf die Kostenstellen verteilt sind, wird die **Summe der primären Gemeinkosten je Kostenstelle** (prim. GK) berechnet. ❹ Sofern **Hilfskostenstellen** vorhanden sind, müssen deren Summen als **sekundäre Gemeinkosten** (sek. GK) entweder direkt oder per Schlüssel auf die anderen Kostenstellen verteilt werden. Gerade diese Aufteilung bereitet in der Praxis erhebliche Probleme. Da sich hierbei die grundsätzliche Frage stellt, wie die Kostenstellen untereinander abhängig sind und voneinander Leistungen beziehen. Diese wechselseitige Abhängigkeit könnte auch bei Hauptkostenstellen bestehen. Als Primärkosten werden alle den einzelnen Kostenstellen durch die Verteilung zufallenden Kosten bezeichnet. Da zwischen Kostenstellen wechselseitige Beziehungen bestehen, müssten die Kosten untereinander verrechnet werden. Diese untereinander verrechneten Kosten werden als Sekundärkosten bezeichnet. Zur Vereinfachung gehen wir davon aus, dass nur Hilfskostenstellen Sekundärkosten abgeben. ❺ Nachdem die sekundären Gemeinkosten auf die verbleibenden Hauptkostenstellen aufgeteilt wurden, ergibt sich die eigentliche **Summe der Gemeinkosten.**

Abkürzungen:

FM = Fertigungsmaterial
FL = Fertigungslöhne
GK = Gemeinkosten
MGK = Material-GK
FGK = Fertigungs-GK
VwGK = Verwaltungs-GK
VtGK = Vertriebs-GK
HKU = Herstellkosten des Umsatzes
prim. GK = primäre GK
sek. GK = sekundäre GK
AK = Allgemeine Kostenstelle
F & E = Forschung & Entwicklung
Mat. = Material
Fert. = Fertigung
Vw = Verwaltung
Vt = Vertrieb
T€ = 1.000 €
Σ = Summe

3.3.2 Ermittlung der Zuschlagssätze

3

❻ Zur Ermittlung von Zuschlagssätzen wird eine **Zuschlagsbasis** benötigt. Diese muss im engen Zusammenhang zu den Gemeinkosten der Kostenstelle stehen. In der Kostenstelle Material wird das **Fertigungsmaterial** und im Bereich der Fertigung werden die **Fertigungslöhne** als Zuschlagsgrundlage verwendet.

H **2008: A5b,** 8 Pt.
H **2009: A3a-b,** 11 Pt.
F **2010: A3a,** 9 Pt.
H **2010: A5a-b,** 20 Pt.
F **2011: A7a,** 9 Pt.
F **2012: A3b,** 7 Pt.
F **2013: A5a,** 7 Pt.
H **2014: A4a-b,** 8 Pt.
F **2016: A3a,** 8 Pt.
H **2016: A3b,** 5 Pt.
F **2017: A3a,** 5 Pt.
H **2017: A3a-b,** 11 Pt.

❼ Die **Zuschlagsbasis** für den Bereich **Verwaltung** und **Vertrieb** ist nicht so offensichtlich. Allgemein werden hierfür jeweils die **Herstellkosten** verwendet; im Bereich der Verwaltung die Herstellkosten der hergestellten Mengen und in der Kostenstelle Vertrieb die **Herstellkosten der umgesetzten Mengen (HKU).** Aus Vereinfachungsgründen wird im Lehrbetrieb häufig bei beiden Kostenstellen von den HKU ausgegangen – so auch in unserem Fachbuch. Die HKU berechnen sich als Summe der Einzel- und Gemeinkosten der Kostenstellen Material und Fertigung. Somit sind die HKU gleich der Summe aus Fertigungsmaterial (FM), Materialgemeinkosten (MGK), Fertigungslöhnen (FL) und Fertigungsgemeinkosten (FGK) – evtl. korrigiert um Bestandsveränderungen bei Fertigerzeugnissen und unfertigen Erzeugnissen. Zudem müssen Sondereinzelkosten der Fertigung (SEKF) hinzugerechnet werden. Zu den HKU werden die Verwaltungs- und die Vertriebsgemeinkosten addiert. Als Ergebnis erhält man die **Selbstkosten des Umsatzes (SKU).** Zieht man diese von den Umsatzerlösen ab, erhält man das **Betriebsergebnis (BE).**

Hinweis:
Im Steuerrecht wird von *Herstellungskosten*, in der Kostenrechnung von *Herstellkosten* gesprochen.

Abkürzungen:
FM = Fertigungsmaterial
MGK = Material-GK
FL = Fertigungslöhne
FGK = Fertigungs-GK
SEKF = Sondereinzelkosten der Fertigung
SEKV = Sondereinzelkosten des Vertriebs
GK = Gemeinkosten
HKU = Herstellkosten des Umsatzes
SKU = Selbstkosten des Umsatzes

Schema:
FM
+ MGK
+ FL
+ FGK
+ SEKF
= HK d. Produktion
+ Bestandsminderung
– Bestandsmehrung
= HKU

+ VwGK
+ VtGK
+ SEKV
= SKU

BE = Erlöse – SKU

❽ Wenn die Gemeinkostensummen je Kostenstelle berechnet und die Zuschlagsgrundlagen ermittelt wurden, können recht unproblematisch für jede

3

Kostenstelle die **Gemeinkosten-Zuschlagssätze (GKZ)** berechnet werden. Sie ergeben sich jeweils aus dem Quotienten der Gemeinkostensumme und der Zuschlagsbasis multipliziert mit 100 %. Zur Berechnung der jeweiligen Zuschlagssätze werden die folgenden Formeln verwendet:

(1) $$\text{Zuschlagssatz} = \frac{\text{Summe GK}}{\text{Zuschlagsbasis}} \times 100\,\%$$

(2) $$\text{MGKZ} = \frac{\text{MGK}}{\text{Fertigungsmaterial}} \times 100\,\%$$

(3) $$\text{FGKZ} = \frac{\text{FGK}}{\text{Fertigungslöhne}} \times 100\,\%$$

(4) $$\text{VwGKZ} = \frac{\text{VwGK}}{\text{HKU}} \times 100\,\%$$

(5) $$\text{VtGKZ} = \frac{\text{VtGK}}{\text{HKU}} \times 100\,\%$$

Abkürzungen:

FM = Fertigungsmaterial
FL = Fertigungslöhne
GK = Gemeinkosten
MGK = Material-GK
FGK = Fertigungs-GK
HKU = Herstellkosten des Umsatzes
VwGK = Verwaltungs-GK
VtGK = Vertriebs-GK
GKZ = Gemeinkostenzuschlagssatz

Verteilungsschlüssel für Gemeinkosten

F 2009: A5c, 5 Pt.

Zur Verteilung der primären und sekundären Gemeinkosten auf die Kostenstellen bieten sich grundsätzlich mengen- und wertbezogene Verteilungsschlüssel an. Hierzu einige Beispiele:

Kostenstellen-Gemeinkosten	Schlüssel
Mieten, Raumkosten	m^2, m^3
Fuhrparkkosten	gefahrene km
Versandkosten	Anzahl der Versandstücke
Wasserverbrauch	Zähler: m^3
Soziale Einrichtungen, Kantine	Anzahl der Mitarbeiter
Betriebsrat	Anzahl der Mitarbeiter
Lehrwerkstatt	Anzahl der Auszubildenden
Technische Betriebsleitung	Verhältnis der Lohnsummen

Zahlenbeispiel zum BAB

Zunächst gehen wir von dem folgenden Verteilungsschlüssel aus:

■	Verteilungsschlüssel		HKSt.	Hauptkostenstelle			
	Gemeinkosten	Verteil.	1 HKSt.	2 Mat.	3 Fert.	4 Vw.	5 Vt.
1	Gehälter ❶	direkt	120 €	–	40 €	–	50 €
2	Betriebsstoffe	direkt	30 €	–	20 €	10 €	–
3	Sonstiges ❷	Schlüssel	–	–	3 T.	7 T.	–
4	Abschreibungen	direkt	–	–	30 €	30 €	–
5	Zinsen	direkt	–	–	10 €	10 €	–
6	Miete	Schlüssel	–	2 qm	4 qm	4 qm	–
7	Unternehmerlohn	Schlüssel	–	1 T.	–	4 T.	–
8	Hilfskostenstelle ❹	Schlüssel	–	1 T.	1 T.	–	1 T.

Mit Hilfe dieser Angaben kann der BAB gelöst werden:

■	BAB in €	07/18	Kostenstellen				
	Gemeinkosten	Σ	1 HKSt.	2 Mat.	3 Fert.	4 Vw.	5 Vt.
1	Gehälter ❶	210	120	–	40	–	50
2	Betriebsstoffe	60	30	–	20	10	–
3	Sonstiges ❷	100	–	–	30	70	–
4	Abschreibungen	60	–	–	30	30	–
5	Zinsen	20	–	–	10	10	–
6	Miete	50	–	10	20	20	–
7	Unternehmerlohn	200	–	40	–	160	–
8	Summe prim. GK	❸ 700	150	50	150	300	50
9	Umlage: HKSt.		→	❹ 50	50	–	50
10	Summe GK	❺ 700		100	200	300	100
11	Zuschlagsbasis ❻			FM	Fert. L.	HKU ❼	HKU
				400	400	1.000	1.000
12	Zuschlagssätze ❽			25,0 %	50,0 %	30,0 %	10,0 %

Die eingekreisten Ziffern beziehen sich auf die Erläuterungen der Seiten 39-42. In diesem Fallbeispiel gibt es Bestandsmehrungen von 100 €.

3

Innerbetriebliche Leistungsverrechnung im BAB

Für Hilfskostenstellen werden keine Zuschlagssätze ermittelt. Damit die zugehörigen **primären Gemeinkosten** trotzdem bei der Preiskalkulation berücksichtigt werden, muss die Gemeinkostensumme der Hilfskostenstellen anhand von Verteilungsschlüsseln auf die Hauptkostenstellen umgelegt werden (**sekundäre Gemeinkosten**). Sofern jedoch **zwei oder mehr Hilfskostenstellen** existieren, stellt sich die Frage, in welcher Reihenfolge und wie deren Gemeinkosten auf die anderen Kostenstellen umgelegt werden. Hierbei sind verschiedene **Verfahren** geläufig.

Zur Veranschaulichung gehen wir nun in einem fiktiven Fallbeispiel von zwei in der Praxis sehr geläufigen Hilfskostenstellen aus – der *Energieversorgung* und der *Kantine*, die folgende Leistungen für die anderen Kostenstellen erbrachten:

■	Leistungsabgaben d. HKSt		Hilfskostenstellen		Hauptkostenstelle		
		Σ	Energie	Kantine	1 Mat.	2 Fert.	3 VwVt
1.	intern: kWh	300.000		50.000	50.000	150.000	50.000
2.	intern: Mahlzeiten	10.500	500		2.500	5.000	2.500

Aus Platzgründen wird eine zusammengefasste Verwaltungs- und Vertriebsgemeinkostenstelle verwendet. Zudem sind weder Bestandsveränderungen noch Sondereinzelkosten zu berücksichtigen.

Anbauverfahren

Betrachten wir zunächst mit dem **Anbauverfahren** die einfachste Variante. In diesem Fall werden die Gemeinkostensummen der Hilfskostenstellen schrittweise ausschließlich den Hauptkostenstellen zugeteilt.

❶ Zunächst wird die Summe der **primären Gemeinkosten** der Hilfskostenstelle *Energie* auf die drei Hauptkostenstellen verteilt. Als Verteilungsschlüssel dient dabei lediglich der Stromverbrauch der drei Hauptkostenstellen. Der Energieverbrauch der Hilfskostenstelle Kantine wird unterschlagen. ❷ Im zweiten Schritt wird auf die gleiche Art und Weise die Hilfskostenstelle *Kantine* auf die drei Hauptkostenstellen verteilt. Auch hier werden nur die Mahlzeiten der Hauptkostenstellen berücksichtigt. ❸ Schließlich werden im letzten Schritt die entsprechenden Summen der primären und sekundären Gemeinkosten je Hauptkostenstelle gebildet. Damit lassen sich dann wie gewohnt die Zuschlagssätze berechnen.

■	BAB – Anbauverfahren		Hilfskostenstellen		Hauptkostenstelle		
	in T€	Σ	Energie	Kantine	1 Mat.	2 Fert.	3 VwVt
10	Summe prim. GK	1.730	150	80	250	500	750
11	1. Umlage: Energie		❶ →		30	90	30
12	2. Umlage: Kantine			❷ →	20	40	20
13	Summe GK	1.730		❸	300	630	800
					Fert.Mat.	Fert. L.	HKU
14	Zuschlagsbasis				500	600	2.030
15	Zuschlagssätze				60,00 %	105,00 %	39,41 %
	Schlüssel: kWh	250.000	❶		50.000	150.000	50.000
	Schlüssel: Mahlzeiten	10.000	❷		2.500	5.000	2.500

Diese Vorgehensweise ist indessen nur dann korrekt, wenn die Hilfskostenstellen untereinander keine Leistungen beziehen und damit voneinander vollständig unabhängig sind. Das ist nicht nur in unserem Fallbeispiel vollkommen unrealistisch. So verbraucht die Kantine Strom (50.000 kWh), und zudem gehen die Mitarbeiter der Hilfskostenstelle Energie in die Kantine (500 Mahlzeiten).

Stufenleiterverfahren

Das **Stufenleiterverfahren** berücksichtigt zumindest eine einseitige Abhängigkeit der Hilfskostenstellen voneinander. Dabei werden die Gemeinkostensummen der Hilfskostenstellen Schritt für Schritt auf die verbleibenden Kostenstellen aufgeteilt.

H 2016: A3a, 13 Pt.

❶ Zunächst wird dabei diejenige Hilfskostenstelle verteilt, die den geringstmöglichen Anteil von Leistungen anderer Kostenstellen erhält. In unserer Fallstudie ist das die *Energieversorgung*. Sicherlich gehen auch

3

Mitarbeiter dieser Kostenstelle in die Kantine. Aber der Energieverbrauch der Kantine ist bedeutsamer. Somit wird bei der Hilfskostenstelle Energie der gesamte Stromverbrauch bei der Verteilung berücksichtigt.

■	BAB – Stufenleiterverfahren		Hilfskostenstellen		Hauptkostenstelle		
	in T€	Σ	Energie	Kantine	1 Mat.	2 Fert.	3 VwVt
10	Summe prim. GK	1.730	150	80	250	500	750
11	1. Umlage: Energie		❶ →	25	25	75	25
12	Zwischensumme			❷ 105	275	575	775
13	2. Umlage: Kantine			❸ →	26,25	52,50	26,25
14	Summe GK	1.730		❹	301,25	627,50	801,25
					Fert.Mat.	Fert. L.	HKU
15	Zuschlagsbasis				500,00	600,00	2.028,75
16	Zuschlagssätze				60,25 %	104,58 %	39,49 %
	Schlüssel: kWh	300.000	❶	50.000	50.000	150.000	50.000
	Schlüssel: Mahlzeiten	10.000	❸		2.500	5.000	2.500

❷ Hier muss auf jeden Fall eine Zwischensumme nach der Umlage der ersten Hilfskostenstelle berechnet werden. ❸ Anschließend wird als zweite Hilfskostenstelle die *Kantine* auf die Hauptkostenstellen verteilt. Dabei werden nur die Mahlzeiten der Hauptkostenstellen berücksichtigt. Die Leistungsabgabe der Kantine an die Energieversorgung bleibt unberücksichtigt. ❹ Schließlich wird die endgültige Summe der Gemeinkosten je Hauptkostenstelle ermittelt. Damit können wie gewohnt die Zuschlagssätze berechnet werden.

Zwar sind die Ergebnisse der beiden Verfahren ähnlich, doch ist das Stufenleiterverfahren für gewöhnlich genauer – nicht exakt. Die wechselseitige Abhängigkeit der Hilfskostenstellen wird nicht berücksichtigt.

Gleichungsverfahren

Zunächst werden beim **Gleichungsverfahren** (mathematisches Verfahren) die genauen gegenseitigen Leistungsabgaben mit Hilfe von mathematischen Gleichungen berücksichtigt und dann berechnet. **Tipp**: In Prüfungen ist dieses Verfahren extrem unwahrscheinlich.

3.4 Kostenträgerrechnung

Zunächst stellt sich die Frage, was **Kostenträger** überhaupt sind? Als Kostenträger gelten die in einem Industriebetrieb hergestellten **Produkte** bzw. geleisteten **Aufträge**, die in einem Handelsbetrieb angebotenen **Fertigwaren** und die in einem Dienstleistungsbetrieb angebotenen **Dienstleistungen** (bspw. einzelne Versicherungen). Zudem werden Kostenträger danach unterschieden, wofür die Leistungen eines Unternehmens erbracht werden:

- Zu den **Absatzleistungen** zählen alle verkauften Produkte, Waren und Dienstleistungen.
- Die **Lagerleistungen** beinhalten die auf Vorrat hergestellten Erzeugnisse und die auf Lager eingekauften Fertigwaren.
- Daneben werden auch **innerbetriebliche Leistungen (Eigenleistungen)** erbracht, indem bspw. die Schreinerei eines Industriebetriebs Möbel für den innerbetrieblichen Gebrauch herstellt.

Die Kostenträgerrechnung wird grundsätzlich in zwei wichtige Teilbereiche eingeteilt:

- Die **Kostenträgerstückrechnung** stellt die eigentliche Preiskalkulation dar und ermittelt die notwendigen Preise.
- Die **Kostenträgerzeitrechnung** dient der Kosten- und Erfolgskontrolle und ermittelt das Betriebsergebnis insgesamt und auch je Kostenträger (-gruppe). Sie wird auch als kurzfristige Erfolgsrechnung bezeichnet.

Zusammenhang Fertigungs- und Kalkulationsverfahren

Es werden in der Praxis verschiedene **Kalkulationsverfahren** angewandt, die alle spezifische Vor- und Nachteile besitzen und je nach vorherrschendem **Fertigungsverfahren** verwendet werden:

Fertigungsverfahren	Kalkulationsverfahren
❶ **Massenfertigung** • bspw. Wasserwerk	**Divisionskalkulation** • ein-, zwei- und mehrstufig
❷ **Sortenfertigung** • bspw. Schokolade, Joghurt	**Äquivalenzziffernkalkulation** • ein-, zwei- und mehrstufig
❸ **Serienfertigung** • bspw. Fenster ❹ **Auftragsfertigung** ❺ **Einzelfertigung** • bspw. Luxusjachten	**Zuschlagskalkulation** • summarisch (= einheitlich) • differenziert (= verschiedene) • Sonderform: Maschinenstundensatzrechnung

In den folgenden Abschnitten werden die verschiedenen Formen der Kalkulation ausführlich vorgestellt. Dabei kann zwischen den verschiedenen **Zeitpunkten der Kalkulation** unterschieden werden:

- Die **Vorkalkulation** zielt im Vorhinein auf die Ermittlung der Verkaufspreise ab (bspw. zur Angebotserstellung). Sie basiert auf Erfahrungswerten der Vergangenheit (Normalkosten) oder auf angestrebten/erwarteten zukünftigen Werten (Plankosten).
- Die **Zwischenkalkulation** ist insbesondere bei länger dauernden Aufträgen (bspw. im Anlagenbau) notwendig um die Vorkalkulation an die aktuellen Entwicklungen anzupassen.
- Die **Nachkalkulation** wird im Nachhinein durchgeführt und vergleicht die Daten der Vor- und Zwischenkalkulation mit den tatsächlich angefallen Werten (Istkosten). Dabei können Abweichungen in Form von Über- und Unterdeckungen festgestellt werden, die uns in Zukunft eine bessere Kalkulation ermöglichen.

3.4.1 Kostenträgerzeitrechnung

Neben der Preiskalkulation verfolgt die Kostenträgerrechnung mit der **Kostenträgerzeitrechnung** eine **kurzfristige Erfolgsrechnung.** Diese zielt auf die Ermittlung des Erfolgs für die einzelnen Produkte ab. Dazu wird das Kostenträgerblatt (BAB 2) verwendet. Es werden zwei Formen unterschieden, die vom Grundaufbau identisch aussehen und sich nur in der Wahl der Zuschlagssätze (Ist vs. Normal) unterscheiden:

- In der Kostenträgerzeitrechnung auf **Istkostenbasis** wird das ***Betriebsergebnis*** berechnet (siehe Tabelle unten mit fiktiven Zahlen).
- In der Kostenträgerzeitrechnung auf **Normalkostenbasis** wird das ***Umsatzergebnis*** berechnet.

■	Kostenträgerzeitrechnung – IST		Kostenträger		Gesamt
	in € / Juli 2018	Ist-GKZ	Prod. 1	Prod. 2	Σ
1	Fertigungsmaterial (FM)		200,00	200,00	400,00
2	+ Materialgemeinkosten (MGK)	25,00 %	50,00	50,00	100,00
3	= Materialkosten (MK)		250,00	250,00	500,00
4	Fertigungslöhne (FL)		150,00	250,00	400,00
5	+ Fertigungsgemeink. (FGK)	50,00 %	75,00	125,00	200,00
6	+ Sondereinzelkosten d. F. (SEKF)		25,00		25,00
7	= Fertigungskosten (FK)		250,00	375,00	625,00
8	3. + 7. = Herstellk. der Prod. (HKP)		500,00	625,00	1.125,00
9	– Mehrbestand FE / UE			125,00	125,00
10	+ Minderbestand FE / UE				
11	= Herstellk. des Umsatzes (HKU)		500,00	500,00	1.000,00
12	+ Verwaltungsgemeink. (VwGK)	30,00 %	150,00	150,00	300,00
13	+ Vetriebsgemeink. (VtGK)	10,00 %	50,00	50,00	100,00
14	+ Sondereinzelkosten d. V. (SEKV)		50,00		50,00
15	= Selbstkosten des Umsatzes (SKU)		750,00	700,00	1.450,00
16	Erlöse		900,00	840,00	1.740,00
17	16. – 15. = Betriebsergebnis		150,00	140,00	290,00

3

3.4.2 Zuschlagskalkulation der Industrie

H 2008: A4a-b, 15 Pt.
H 2009: A4, 16 Pt.
F 2010: A3b, 13 Pt.
H 2010: A6, 9 Pt.
F 2011: A7b, 11 Pt.
H 2011: A4, 18 Pt.
F 2012: A4a-b, 17 Pt.
H 2012: A6, 14 Pt.
F 2013: A5b, 13 Pt.
H 2013: A5, 14 Pt.
F 2014: A3a-c, 20 Pt.
H 2015: A3, 12 Pt.
F 2016: A3b, 13 Pt.
F 2017: A3b, 13 Pt.
F 2017: A6, 15 Pt.
H 2017: A4, 18 Pt.
F 2018: A4, 15 Pt.

Die **differenzierte Zuschlagskalkulation** wird für gewöhnlich bei **Einzel**- und **Auftragsfertigung** sowie bei **Serienfertigung** angewandt. Das größte Problem bereitet erfahrungsgemäß die Frage, welche Größe nun eigentlich jeweils der **Grundwert** (= 100 %) sein soll. Zu jedem Prozentsatz zeigt ein Pfeil in der folgenden Tabelle den dazugehörigen Grundwert.

Zahlenbeispiel mit fiktiven Werten

■	Zuschlagskalkulation - Logik			
	in EUR	Abk.	%	€
1	Fertigungsmaterial	FM		400
2	+ Materialgemeinkosten	MGK	25,00 %	100
3	= Materialkosten	MK		500
4	Fertigungslöhne	FL		300
5	+ Fertigungsgemeinkosten	FGK	50,00 %	150
6	+ Sondereinzelkosten d. F.	SEKF		50
7	= Fertigungskosten	FK		500
8	3. + 7. = Herstellkosten	HK		1.000
9	+ Verwaltungsgemeinkost.	VwGK	30,00 %	300
10	+ Vertriebsgemeinkosten	VtGK	10,00 %	100
11	+ Sondereinzelkosten d. V.	SEKV		100
12	= Selbstkosten	SK		1.500
13	+ Gewinn	G	20,00 %	300
14	= Barverkaufspreis	BarVP		1.800
15	+ Vertreterprovision	V.Pr.	7,50 %	150
16	+ Kundenskonto	Kd.Sk.	2,50 %	50
17	= Zielverkaufspreis	ZVP		2.000
18	+ Kundenrabatt	Kd.R.	20,00 %	500
19	= Listenverkaufspreis	LVP		2.500
20	+ Umsatzsteuer	USt	19,00 %	475
21	= Bruttoverkaufspreis	BVP		2.975

FM ≙ 100 %
MGK ≙ 25 %
MK ≙ 125 %

FL ≙ 100 %
FGK ≙ 50 %
FK ≙ 150 %
+ SEKF

HK ≙ 100 %
VwGK ≙ 30 %
VtGK ≙ 10 %
SK ≙ 140 %
+ SEKV

SK ≙ 100 %
G ≙ 20 %
BarVP ≙ 120 %

BarVP ≙ 90 %
V.Pr. ≙ 7,5 %
Kd.Sk. ≙ 2,5 %
ZVP ≙ 100 %

ZVP ≙ 80 %
Kd.R. ≙ 20 %
LVP ≙ 100 %

LVP ≙ 100 %
USt ≙ 19 %
BVP ≙ 119 %

Zudem wird zwischen drei Richtungen der Kalkulation unterschieden:

- In der **Vorwärtskalkulation** wird von oben nach unten kalkuliert.
- Die **Rückwärtskalkulation** kalkuliert ausgehend vom gegebenen Bruttoverkaufspreis von unten nach oben und ermittelt die allenfalls erlaubten Material-, Fertigungs- oder Herstellkosten.
- In der **Differenzkalkulation** wird einerseits von oben bis zu den Selbstkosten und andererseits von unten hoch bis zum Barverkaufspreis gerechnet. Die Differenz ergibt den verbleibenden Gewinn.

3.4.3 Zuschlagskalk. mit Maschinenstundensätzen

In stark automatisierten Unternehmen ist die Kalkulation mit Fertigungsgemeinkostenzuschlagssätzen problematisch, daher werden die maschinenabhängigen Gemeinkosten (bspw. Abschreibungen und Zinsen) im BAB herausgenommen und daraus die Kosten für die Beanspruchung der Maschinen je Stunde bzw. Minute berechnet. Die nicht maschinenabhängigen Fertigungsgemeinkosten werden dann wie gewohnt auf die Fertigungslöhne bezogen und daraus die **Rest-Fertigungsgemeinkostenzuschlagssätze** berechnet. Die **Maschinenstundensätze** werden dann denkbar unproblematisch in das Kalkulationsschema einbezogen: Es werden die Maschinenstundensätze einfach mit der Anzahl der notwendigen Maschinenstunden multipliziert.

Zuschlagskalkulation mit Maschinenstundensätzen

	in EUR	Abk.	%	1. Rechnung	2. Rechnung
	...	...	...	...	...
4	Fertigungslöhne	FL			≙ 100 %
5	Rest-Fertigungsgemeinkosten	RFGK	25,00 %		≙ 25 %
6	Maschinenabhängige Kosten (MaStK)	MaStK		= Maschstundensatz × Zeit	
7	Sondereinzelkosten d. Fert.	SEKF			
8	Fertigungskosten	FK			≙ 125 % + SEKF + MaStK
9	Herstellkosten	HK			
	...	...	...	...	...

Hier sehen Sie, wie maschinenabhängigen Kosten in das Kalkulationsschema der Industrie eingebaut werden können.

3

3.4.4 Divisionskalkulation

F 2014: A4a-b, 11 Pt.
F 2016: A5a-b, 15 Pt.

Sofern ein Industriebetrieb nur ein Produkt herstellt, spricht man von **Massenproduktion**. Durch die enorme Spezialisierung können die Fertigungskosten relativ gering gehalten werden, Rüstzeiten entfallen vollständig, zudem sind die Bezugskosten für Rohstoffe und Fertigbauteile relativ niedrig, da immer in großen Mengen geordert werden kann. Es hat zudem den Vorteil, mit der **Divisionskalkulation** ein einfaches Kalkulationsverfahren wählen zu können. Dabei wird zwischen der *ein-*, *zwei-* und *mehrstufigen* Divisionskalkulation unterschieden.

Zur Anwendung der **einstufigen Divisionskalkulation** sind drei Voraussetzungen notwendig:

- 1-Produkt-Fertigung,
- kein Mehr- oder Minderbestand an Fertigerzeugnissen und
- kein Mehr- oder Minderbestand an unfertigen Erzeugnissen.

Die Stückkosten können nun durch eine Division der Gesamtkosten durch die gesamte produzierte und verkaufte Menge ermittelt werden.

■	Mehrstufige Divisionskalk.		07/18	Kostenträger: Kirschtorte		
	in EUR	Abk.	%	Menge	Kosten	pro St.
1	Herstellkosten UE			600 St.	450 €	0,75
2	Herstellkosten FE			500 St.	250 €	0,50
3	Verw./Vertriebskost.			400 St.	200 €	0,50
4	Selbstkosten	SK			900 €	1,75

In der zwei-/mehrstufigen Divisionskalkulation werden die Kosten je Stufe durch die jeweilige Produktionsmenge geteilt und dann addiert. Eine **mehrstufige Divisionskalkulation** ist dann anzuwenden, wenn der Fertigungsprozess Zwischenschritte mit unfertigen/fertigen Erzeugnissen durchläuft und hier jeweils unterschiedliche Bestandsveränderungen stattfinden (siehe Tabelle oben).

3.4.5 Äquivalenzziffernkalkulation

H 2011: A3, 13 Pt.
F 2015: A3, 11 Pt.
F 2017: A4, 13 Pt.
F 2018: A5a-b, 15 Pt.

Zunächst sind für die Kalkulation mit Äquivalenzziffern die **festen Kostenrelationen** der einzelnen **Sorten** wichtig (= **Äquivalenzziffern**). Dabei geht man von einem Basisartikel aus, dessen Gewicht bspw. 5 kg beträgt und dessen Kosten bei 1,00 liegen. Wenn bspw. ein anderer Artikel 7 kg schwer wäre (die Kosten 40 % größer wären), erhalten wir 1,40.

Tipp: In Prüfungsaufgaben werden oft andere Werte (bspw. Gewicht, Größe) angegeben. Daraus lassen sich dann leicht die Äquivalenzziffern berechnen.

■	Äquivalenzziffernkalkulation für 5 Kuchensorten					in EUR
Nr.	Sorte	ÄZ	Menge	UZ = ÄZ × M.	k = 1,20 € × ÄZ	K = k × M.
1	Kirschtorte	2,00	200 St.	❶ → 400	2,40 €	❹ → 480 €
2	Donauwelle	1,75	200 St.	350	2,10 €	420 €
3	Käsekuchen	1,50	500 St.	750	1,80 €	900 €
4	Schokokuchen	1,25	400 St.	500	1,50 €	600 €
5	Apfelkuchen	1,00	500 St.	500	1,20 € ❸	600 €
Σ	–	–	1.800 St.	2.500	❷	3.000 € ❺

❶ Aus den Äquivalenzziffern (ÄZ) und den gegebenen Herstellungsmengen lassen sich die **Umrechnungszahlen** (UZ) berechnen. Die Umrechnungszahl 400 bei Kirschtorten ist bspw. so zu interpretieren, als 200 St. Kirschtorten so viel kosten wie 400 Einheiten der Standardsorte Apfelkuchen. ❷ Wenn wir nun die gegebenen Gesamtkosten in Höhe von 3.000 € durch die Summe der Umrechnungszahlen in Höhe von 2.500 teilen, erhalten wir 1,20 € **Selbstkosten pro Stück** für die Sorte Apfelkuchen. ❸ Die **Selbstkosten pro Stück** für die anderen Sorten erhalten wir, indem wir die Selbstkosten/St. der Standardsorte Apfelkuchen mit den jeweiligen Äquivalenzziffern multiplizieren. ❹ Die **Kosten** für die gesamte Menge einer Sorte ergeben sich aus der Multiplikation von Stückkosten und Menge. ❺ Die Summe der Kosten muss mit der Vorgabe von 3.000 € übereinstimmen.

Tipp: In Prüfungsaufgaben wird die Äquivalenzziffernmethode häufig nur für die Ermittlung der Gemeinkosten pro Stück verwendet (+ Einzelkosten/St.).

3

3.4.6 Handelswarenkalkulation

Die Zuschlagskalkulation eines Handelsbetrieb unterscheidet sich nur im oberen Teil des Schemas von derjenigen des Industriebetriebs. Ein Handelsbetrieb kauft Handelswaren und verkauft diese weiter. Hierfür entstehen durch die Lagerung, Präsentation, Verwaltung usw. Gemeinkosten in Form von Handlungskosten, die auf den Bezugspreis aufgeschlagen werden.

F 2009: **A6, 14** Pt.
F **2010: A5a, 8** Pt.
F **2011: A6a, 12** Pt.
H **2012: A7, 15** Pt.
H **2013: A3a, 12** Pt.
H **2014: A5a, 9** Pt.
F **2015: A4a, 14** Pt.
H **2015: A5a-b, 16** Pt.
H **2016: A6a**, 12 Pt.

■	Zuschlagskalkulation d. Handel – Logik				Grundwert	
	in EUR	Abk.	%	€		
1	Listeneinkaufspreis	LEP		6,00	≙ 100 %	
2	– Lieferantenrabatt		20,00 %	1,20	≙ 20 %	
3	= Zieleinkaufspreis	ZEP		4,80	≙ 80 %	≙ 100 %
4	– Lieferantenskonto		2,50 %	0,12		≙ 2,5 %
5	= Bareinkaufspreis	BEP		4,68		≙ 97,5 %
6	+ Bezugskosten			0,32		
7	= Bezugspreis	BP		5,00	≙ 100 %	
8	+ Handlungskosten		20,00 %	1,00	≙ 20 %	
9	= Selbstkosten	SK		6,00	≙ 120 %	≙ 100 %
10	+ Gewinn		10,00 %	0,60		≙ 10%
11	= Barverkaufspreis	BarVP		6,60	≙ 88 %	≙ 110%
12	+ Vertreterprovision		10,00 %	0,75	≙ 10 %	
13	+ Kundenskonto		2,00 %	0,15	≙ 2 %	
14	= Zielverkaufspreis	ZVP		7,50	≙ 100 %	≙93,75 %
15	+ Kundenrabatt		6,25 %	0,50		≙ 6,25 %
16	= Listenverkaufspreis	LVP		8,00	≙ 100 %	≙ 100 %
17	+ Umsatzsteuer	USt	19,00 %	1,52	≙ 19 %	
18	= Bruttoverkaufspreis	BVP		9,52	≙ 119 %	

Tipp:

Der **Handlungskostenzuschlagssatz** kann auch durch eine Division der Summe der Handlungskosten (= alle Gemeinkosten des Handelsbetriebs) durch den gesamten Wareneinsatz (x 100 %) ermittelt werden.

Formeln zur vereinfachten Handelskalkulation

F 2010: A5b, 6 Pt.
F 2011: A6b, 3 Pt.
H 2012: A7, 15 Pt.
H 2013: A3b, 4 Pt.
H 2014: A5b, 7 Pt.
F 2015: A4b, 6 Pt.
H 2016: A6b, 6 Pt.

Die folgenden Formeln zur Handelskalkulation werden für den Großhandel (GH) und den Einzelhandel (EH) unterschieden (fiktives Zahlenbsp.):

1. $KF_{GH} = \frac{LVP}{BP} = \frac{8€}{5€} = 1{,}6$

2. $KAZ_{GH} = \frac{(LVP\text{-}BP)}{BP} \cdot 100\% = \frac{(8€ - 5€)}{5€} \cdot 100\% = 60\%$

3. $HSP_{GH=EH} = \frac{(LVP\text{-}BP)}{LVP} \cdot 100\% = \frac{(8€ - 5€)}{8€} \cdot 100\% = 37{,}5\%$

Für den Einzelhandel gelten neben Formel 3:

4. $KF_{EH} = \frac{BVP}{BP} = \frac{9{,}52€}{5€} = 1{,}904$

5. $KAZ_{EH} = \frac{(BVP\text{-}BP)}{BP} \cdot 100\% = \frac{(9{,}52€ - 5€)}{5€} \cdot 100\% = 90{,}4\%$

Der **Kalkulationsfaktor (KF)** erlaubt das schnellste Rechnen. In der Vorwärtskalkulation führt eine einfache Multiplikation des Bezugspreises mit dem KF zum notwendigen Listenverkaufspreis. In der Rückwärtskalkulation kann man durch eine Division des Listenverkaufspreises mit dem KF sehr schnell zum erlaubten Bezugspreis gelangen. Der **Kalkulationszuschlagssatz (KAZ)** ermittelt, um wie viel Prozent der Listenverkaufspreis höher als der Bezugspreis ist. Damit kann entsprechend einfach kalkuliert werden. Sofern ein Bezugspreis vorliegt, muss der Zuschlagssatz entsprechend nur aufgeschlagen werden. Die **Handelsspanne (HSP)** berechnet den Anteil des Rohertrags am Listenverkaufspreis. Dies ist sehr hilfreich bei der Rückwärtskalkulation. Wenn von einem anvisierten Listenverkaufspreis die Handelsspanne abgezogen wird, erhalten wir den maximal akzeptablen Bezugspreis.

3

3.5 Vergleich von Voll- und Teilkostenrechnung

3.5.1 Begründung der Teilkostenrechnung

Fehler der traditionellen Vollkostenrechnung

- fehlerhafte, geschätzte **Verteilungsschlüssel** für die Gemeinkosten
- **mangelhaftes Kontrollinstrument** bei ungenauen Schlüsseln
- **Zunahme der Bedeutung der Gemeinkosten** und damit größere Fehler bei der Kalkulation mit ungenauen Zuschlagssätzen.
- **Proportionalisierung der Gemeinkosten**: Darunter versteht man die Annahme, dass sich die Gemeinkosten und die Zuschlagsgrundlage gleichläufig entwickeln. Das ist falsch, da Gemeinkosten zu einem großen Teil fix und damit unabhängig von der Ausbringungsmenge sind (bspw. Miete).
- **ungeeignete Zuschlagsbasis**: Es müsste dabei ein eindeutiger und zudem proportionaler Zusammenhang zwischen Einsatzfaktor und den Gemeinkosten bestehen (bspw. FL für FGK).

Anwendungsmöglichkeiten der Teilkostenrechnung

- Ermittlung der **Gewinnschwelle** H 2011: A6, 6 Pt.
- Ermittlung der **kurzfristigen Preisuntergrenze** für bspw. Sonderangebote
- Entscheidungen hinsichtlich der **Annahme von Zusatzaufträgen**
- Entscheidungen in Bezug auf die Frage, ob **Eigenfertigung oder Fremdbezug** vorzuziehen ist
- Entscheidungen, inwiefern **Werbemaßnahmen** sinnvoll sind
- Entscheidungen hinsichtlich **Sortimentsoptimierungen**

3

3.5.2 Einstufige Deckungsbeitragsrechnung

Gewinnschwellenanalyse (Break-even-Analyse)

❶ Die **Fixkosten** sind unabhängig von der Produktionsmenge. Sofern jenseits der Kapazitätsgrenze produziert werden soll, bedarf es einer Kapazitätserweiterung, deren Investitionen zusätzliche Fixkosten bedeuten. ❷ Die **variablen Kosten** hängen proportional von der produzierten Menge ab.

- H 2008: **A6b-d,** 12 Pt.
- H 2009: **A5a-c,** 17 Pt.
- F 2011: **A5b,** 5 Pt.
- F 2012: **A7b-c,** 10 Pt.
- H 2012: **A5b,** 3 Pt.
- H 2012: **A8a-b,** 8 Pt.
- F 2013: **A8b,** 4 Pt.
- H 2013: **A6b,** 3 Pt.
- F 2014: **A7b-d,** 12 Pt.
- F 2015: **A5b,** 4 Pt.
- H 2015: **A4b,** 7 Pt.
- H 2015: **A6c,** 3 Pt.
- F 2016: **A4a,** 3 Pt.
- H 2016: **A4b,** 2 Pt.
- H 2016: **A5b-c,** 6 Pt.
- F 2017: **A5a-c,** 15 Pt.
- H 2017: **A5a-c,** 15 Pt.
- F 2018: **A6a-d,** 19 Pt.

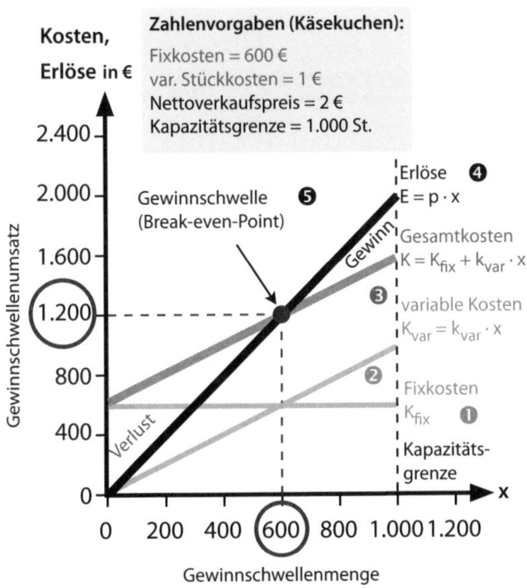

Abkürzungen:
E = Erlöse
x = Stückzahl
p = Nettopreis
K = Gesamtkosten
$K = K_{fix} + K_{var}$
K_{fix} = Fixkosten
K_{var} = variable Kosten
k_{var} = variable Stückkosten
k_{fix} = Fixkosten/St.

Großbuchstaben stehen für Gesamtwerte, Kleinbuchstaben für Stückangaben.

❸ Die **Gesamtkosten** setzen sich aus den Fixkosten und den variablen Kosten zusammen. ❹ Die **Erlöse** (= Nettoverkaufspreises × Stückzahl) steigen ebenfalls proportional an. ❺ Im Schnittpunkt von Erlösen und Gesamtkosten liegt die **Gewinnschwelle**. Sollte weniger/mehr verkauft werden, wären die Gesamtkosten größer/kleiner als die Erlöse (= Verlust/Gewinn).

3

Formeln zur Gewinnschwellenanalyse

1. $E = p \cdot x$ Erlösfunktion (E, U oder UE für Umsatzerlöse)

2. $K = K_{fix} + k_{var} \cdot x$ Kostenfunktion

3. $x_{BEP} = \dfrac{K_{fix}}{(p - k_{var})}$ Gewinnschwellenmenge

$$x_{BEP} = \frac{600\,€}{(2\,€ - 1\,€)} = \frac{600\,€}{1\,€/\text{St.}} = 600\ \text{St.}$$

4. $E_{BEP} = x_{BEP} \cdot p$ Gewinnschwellenumsatz

$$E_{BEP} = x_{BEP} \cdot p = 600\ \text{St.} \cdot 2\,€ = 1.200\,€$$

5. $x_{Gewinn} = \dfrac{(K_{fix} + \text{Gewinn})}{(p - k_{var})} = \dfrac{(600\,€ + 400\,€)}{1\,€/\text{St.}} = 1.000\ \text{St.}$

= notwendige Menge für einen bestimmten Gewinn (bspw. 400 €)

4 Fälle des Verlaufs von fixen und variablen Kosten

Fall 1: Fixkosten (gesamt)
sprungfixe Kosten

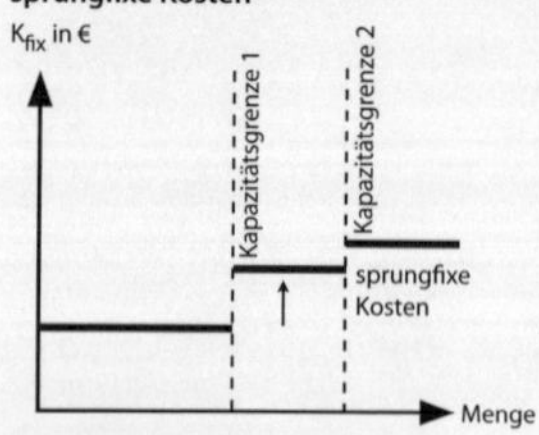

Fall 2: Fixkosten pro Stück
Fixkostendegression

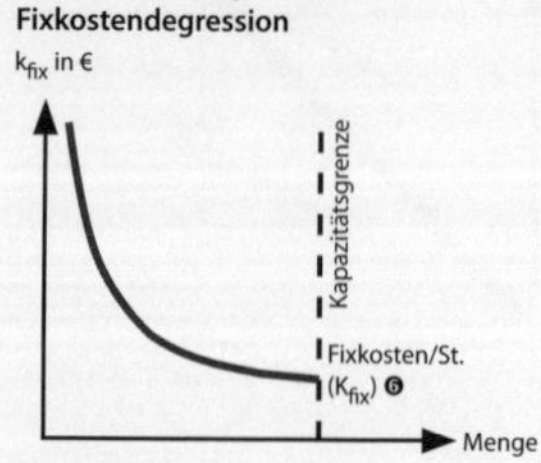

Fall 3: variable Kosten (gesamt)
3 Varianten

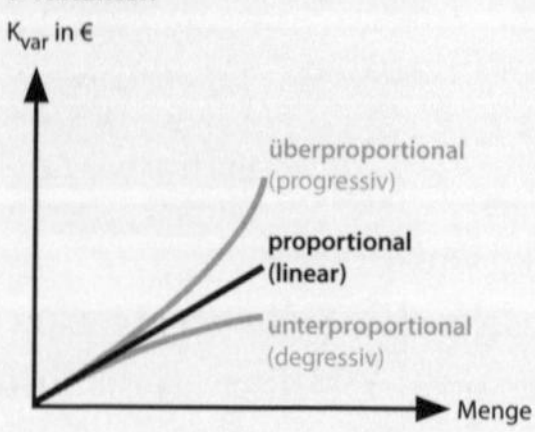

Fall 4: variable Stückkosten
3 Varianten

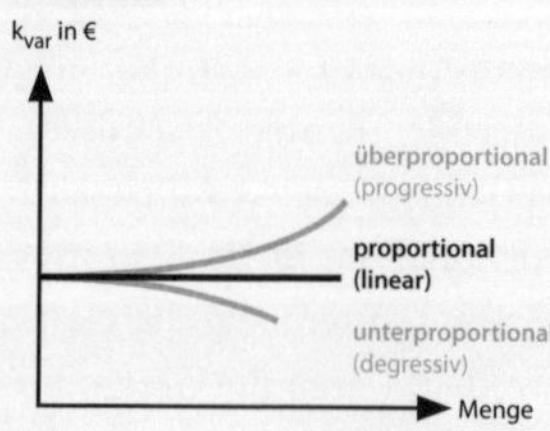

Einstufige Deckungsbeitragsrechnung (1 Produkt)

Der **Deckungsbeitrag pro Stück (db)** ist die Differenz zwischen (Netto-) Verkaufspreis und variablen Stückkosten. Der **gesamte Deckungsbeitrag (DB)** ergibt sich, indem der Stückdeckungsbeitrag mit der Menge multipliziert wird. Der Name Deckungsbeitrag leitet sich davon ab, dass er dazu *beitragen* soll, die Fixkosten *abzudecken*. Wenn möglich, sollte der Deckungsbeitrag sogar zur Erzielung eines Gewinns beitragen.

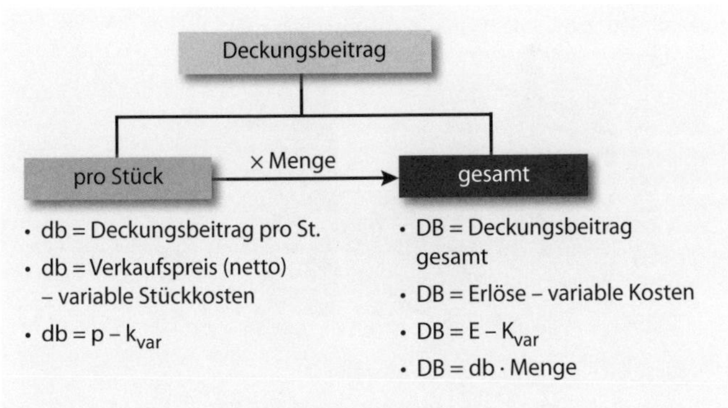

Für unser Zahlenbeispiel erhalten wir drei mögliche Fälle (vgl. S. 60):

❶ Wenn wir eine Verkaufsmenge von 200 Stück annehmen, dann stehen 400 € Erlösen 200 € variable Kosten gegenüber. Daraus resultiert ein DB von 200 €. Bei 600 € Fixkosten entsteht ein **Verlust** von 400 €.

❷ Die **Gewinnschwelle** liegt bei 600 Stück Käsekuchen. In diesem Fall stehen 1.200 € Erlösen variable Kosten im Umfang von 600 € gegenüber. Daraus resultiert ein DB von 600 €. Bei Fixkosten von 600 € folgert weder Gewinn noch Verlust, d. h. hier befindet sich die Gewinnschwelle.

❸ Wenn wir eine größere Verkaufsmenge von bspw. 1.000 Stück annehmen, dann betragen die Erlöse 2.000 €. Dem stehen variable Kosten in Höhe von 1.000 € gegenüber. Daraus resultiert ein DB von 1.000 €. Bei Fixkosten von 600 € folgert ein **Gewinn** von 400 €.

Zusammenhang: Deckungsbeitrag, Fixkosten und Gewinn

1. Fall: 200 Stück Käsekuchen (Verlust ❶)

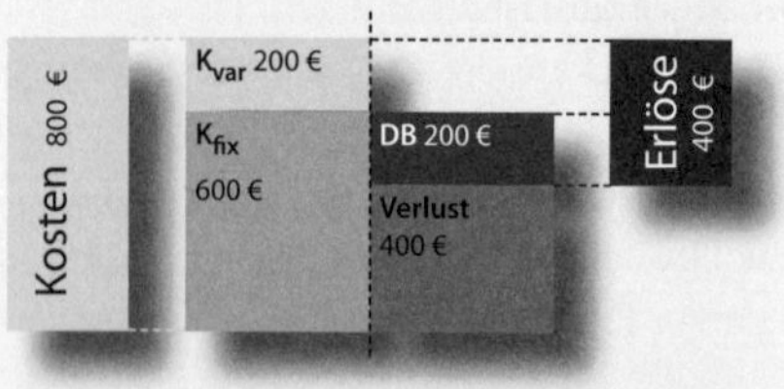

Zahlenvorgaben:
Fixkosten = 600 €
var. Stückkosten = 1 €
Verkaufspreis = 2 €

2. Fall: 600 Stück Käsekuchen (Gewinnschwelle ❷)

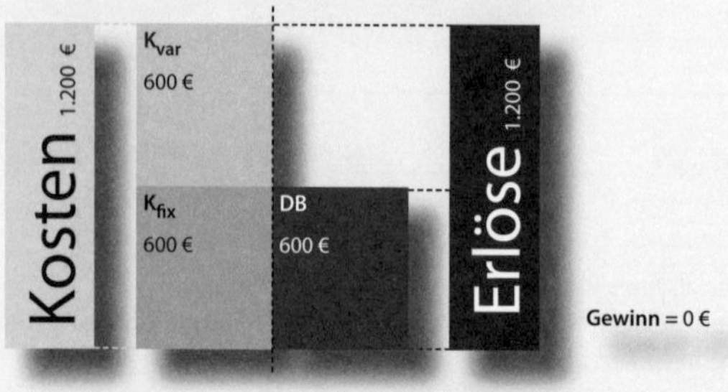

3. Fall: 1.000 Stück Käsekuchen (Gewinn ❸)

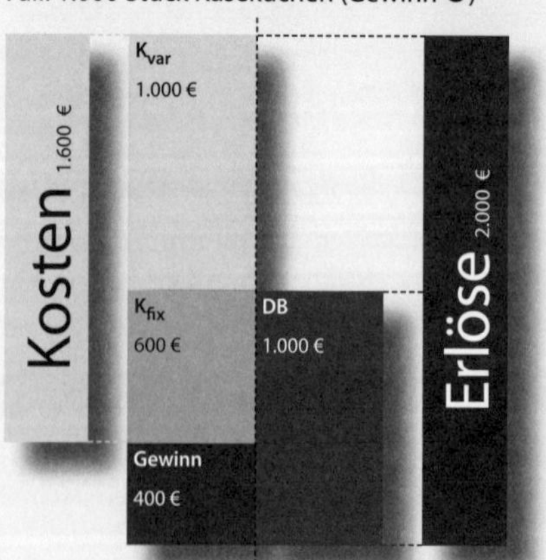

3

7 Fallbeispiele zur Anwendung der Deckungsbeitragsrechnung

1. Standardschema für die einstufige DBR

■	DBR – 1 Produkt	Auslastung = 80 %	
	in EUR	pro Stück	800 St.
1.	Erlöse	2,00	1.600,00
2.	– variable Kosten	1,00	800,00
3.	= Deckungsbeitrag	1,00	800,00
4.	– Fixkosten	0,75	600,00
5.	= Betriebsergebnis	0,25	200,00
6.	Kosten = 2. + 4.	1,75	1.400,00

H 2008: **A6a,** 3 Pt.
H 2010: **A7,** 10 Pt.
F 2011: **A5c,** 4 Pt.
F 2014: **A7a,** 8 Pt.
H 2014: **A7b-c,** 8 Pt.
H 2015: **A6b,** 3 Pt.
F 2016: **A4a,** 7 Pt.
H 2016: **A4a,c,** 9 Pt.

Tipp: Sofern zwei Werte einer Zeile gegeben sind (bspw. Fixkosten und Fixkosten/Stück) kann durch eine Division dieser die Stückzahl ermittelt werden.

2. Dreisatz bei unterschiedlichen Auslastungsgraden

H 2013: **A6a,** 5 Pt.
F 2014: **A5c,** 5 Pt.
H 2016: **A5a,** 4 Pt.

Sofern unterschiedliche Auslastungsgrade (bzw. Mengen) gegeben sind, kann mit Hilfe eines einfachen Dreisatzes von den Erlösen, den variablen Kosten oder den Deckungsbeiträgen des einen auf die Werte des anderen Auslastungsgrades geschlossen werden (bspw. 1.000 € × 800 St. ÷ 500 St. = 1.600 €).

■	Dreisatz	Auslastung = 50 %		Auslastung = 80 %	
	in EUR	pro St.	500 St.	pro St.	800 St.
1.	Erlöse	2,00	1.000,00	2,00	1.600,00
2.	– variable Kosten	1,00	500,00	1,00	800,00
3.	= Deckungsbeitrag	1,00	500,00	1,00	800,00
4.	– Fixkosten	1,20	600,00	0,75	600,00
5.	= Betriebsergebnis	–0,20	–100,00	0,25	200,00
6.	Kosten = 2. + 4.	2,20	1.100,00	1,75	1.400,00

Vorsicht: Dies gilt jedoch nicht für Fixkosten, Betriebsergebnis und (Gesamt-) Kosten (Zellen der unteren drei Zeilen).

3

3. »Sudoku-Aufgaben« zur DBR

Zwar ist dieser sudokuartige Aufgabentypus äußerst realitätsfern, in Prüfungen aber äußerst beliebt.

F **2010: A4,** 20 Pt.
H **2010: A8a-b,** 10 Pt.
H **2011: A5a-b,** 20 Pt.
H **2012: A5a,** 9 Pt.
H **2013: A6a,** 8 Pt.
F **2014: A5a-b,** 8 Pt.
F **2015: A5a,** 10 Pt.
H **2015: A4a,** 10 Pt.
F **2016: A4b,** 4 Pt.
H **2016: A5a,** 6 Pt.

■	Sudoku-Aufgaben	Auslastung = 60 %		Auslastung = 75 %	
	in EUR	pro St.	600 St.	pro St.	750 St.
1.	Erlöse	2,00	1.200,00	2,00	1.500,00
2.	– variable Kosten	1,00	600,00	1,00	750,00
3.	= Deckungsbeitrag	1,00	600,00	1,00	750,00
4.	– Fixkosten	1,00	600,00	0,80	600,00
5.	= Betriebsergebnis	0,00	0,00	0,20	150,00
6.	Kosten = 2. + 4.	2,00	1.200,00	1,80	1.350,00

Es wird bei unterschiedlichen Auslastungsgraden nur eine möglichst geringe Anzahl von Zahlen gegeben: (1) Übernehmen Sie alle gegebenen Zahlen in die Tabelle oben (Tipp: Das Betriebsergebnis ist bei der Gewinnschwelle = 0). (2) Füllen Sie nun die Tabelle Schritt für Schritt aus. **Wichtig:** Die Fixkosten, der Nettoverkaufspreis (Stück), die variablen Stückkosten sowie der Stückdeckungsbeitrag sind bei allen Auslastungsgraden gleich groß (hellgrau hervorgehoben).

4. Berechnung der Fixkosten

Zunächst werden die variablen Stückkosten ermittelt (= Kostendifferenz ÷ Mengendifferenz). Diese werden mit der Menge multipliziert und von den Gesamtkosten abgezogen, um die Fixkosten zu erhalten:

$K_{fix} = K - k_{var} \cdot x$ (Kostenfunktion: $K = K_{fix} + k_{var} \cdot x$)

F **2009: A4a-b,** 13 Pt.
F **2011: A5a,** 8 Pt.
F **2012: A7a,** 9 Pt.
F **2013: A8a,** 7 Pt.
H **2014: A7a,** 10 Pt.
H **2015: A6a,** 10 Pt.

■	Fixkostenermittlung	gegeben		zu berechnen	
	in EUR	Menge	Kosten	K_{var}	K_{fix}
1.	Mai	600	1.200	600	600
2.	Juni	750	1.350	750	600
3.	Differenz	150	150	150	0
4.	variable Stückkosten	= 150 € ÷ 150 St. = 1 € pro Stück			

5. Mehrproduktunternehmen

F 2009: A7a-d, 16 Pt.
F 2013: A7a-b, 18 Pt.
F 2015: A6a-d, 16 Pt.

Bisher gingen wir bei den Berechnungen zum Deckungsbeitrag von einem Unternehmen mit nur einem Produkt aus (**Einproduktunternehmen**). Was wäre aber, wenn das Unternehmen mehr als ein Produkt verkaufen würde (**Mehrproduktunternehmen**)? In der folgenden Tabelle wird die Berechnung für ein 2-Produkt-Unternehmen durchgeführt.

■	Zwei Produkte	Käsekuchen		Kirschtorte		Summe
	in EUR	pro St.	500 St.	pro St.	400 St.	900 St.
1.	Erlöse	1,80	900,00	2,10	840,00	1.740,00
2.	– variable Kosten	0,80	400,00	0,90	360,00	760,00
3.	= Deckungsbeitrag	1,00	500,00	1,20	480,00	980,00
4.	– Fixkosten					690,00
5.	= Betriebsergebnis					290,00

Häufige **Fehlerquelle**: Hier werden gerne die Fixkosten halbiert den beiden Produkten zugewiesen. Ohne weitere Informationen ist das nicht korrekt. Sie werden von der Summe der Deckungsbeitrage abgezogen.

6. Zusatzaufträge und Preisuntergrenzen

H 2012: A8c, 6 Pt.

Die Deckungsbeitragsrechnung wird für **weitere Entscheidungssituationen** genutzt. Dazu zählen die eng zusammenhängenden Fragen hinsichtlich der Preisuntergrenzen und der Annahme von Zusatzaufträgen.

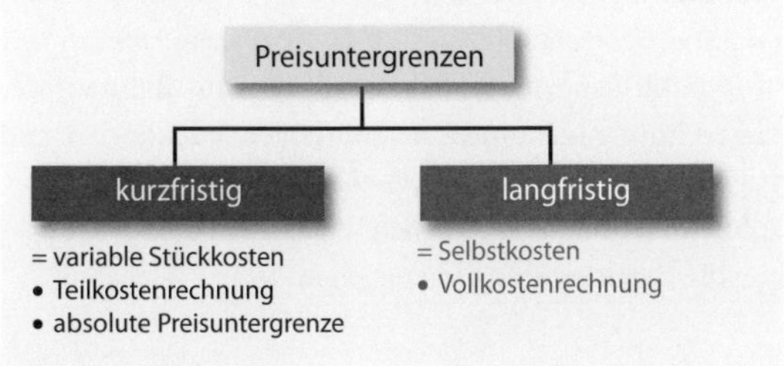

Sofern noch genügend **freie Kapazitäten** vorhanden sind, steigen die Fixkosten durch die Annahme des Zusatzauftrags nicht. Das heißt, sie wären aber auch nicht kleiner, wenn wir den Zusatzauftrag nicht annehmen würden. Folglich ist die Entscheidung über den Zusatzauftrag *unabhängig* von den schon bestehenden Fixkosten. **Damit interessieren nur die durch den Zusatzauftrag zusätzlich entstehenden Kosten.** Das sind für gewöhnlich nur die *variablen Kosten.*

7. Eigenfertigung gegenüber Fremdbezug

Zur Beantwortung der Frage, inwiefern bei Käsekuchen Eigenfertigung oder Fremdbezug vorzuziehen ist, gehen wir von den folgenden Daten aus: 1. Nettoverkaufspreis = 2 €/St. 2. Selbstkosten = 1,75 €/St. 3. variable Stückkosten = 1 €/St. Ein Fremdhersteller würde uns die gewünschten 800 Stück eines gleichwertigen Käsekuchens zum Nettopreis von 1,50 €/St. anbieten. Sollten wir das Fremdangebot annehmen?

■	DBR – 1 Produkt	Eigenfertigung		Fremdbezug	
	in EUR	pro Stück	800 St.	pro Stück	800 St.
1.	Erlöse	2,00	1.600,00	2,00	1.600,00
2.	– variable Kosten	1,00	800,00	1,50	1.200,00
3.	= Deckungsbeitrag	1,00	800,00	0,50	400,00
4.	– Fixkosten	0,75	600,00	0,75	600,00
5.	= Betriebsergebnis	0,25	200,00	–0,25	–200,00
6.	Kosten = 2. + 4.	1,75	1.400,00	2,25	1.800,00

Zunächst scheinen unsere Selbstkosten um 0,25 €/St. höher als der Preis des Fremdanbieters. Aus Sicht der Vollkostenrechnung erscheint daher eine Annahme des Fremdbezugs sinnvoll zu sein. Sofern wir jedoch freie Produktionskapazitäten haben, gilt dies im Rahmen der Deckungsbeitragsrechnung nicht mehr. Die variablen Stückkosten sind 0,50 €/St. niedriger als der Fremdbezugspreis. Die Fixkosten in Höhe von 600 € sind ohnehin vorhanden. Folglich ist aus Sicht der Deckungsbeitragsrechnung die Eigenfertigung vorzuziehen.

4 Auswertung betriebswirtschaftlicher Zahlen

4.1 Aufbereitung und Auswertung der Zahlen

4.1.1 Adressaten der Auswertungen

H 2016: A7b, 6 Pt.

Zu den **Adressaten der Auswertungen** zählt zunächst **intern** das Management des Unternehmens, das Informationen für die Führung des Unternehmens benötigt (zur Kontrolle, Planung und Steuerung). Aber auch für **externe Adressaten** sind Kennzahlen von Bedeutung. So müssen Banken vor der Vergabe von Krediten die Kreditwürdigkeit des Unternehmens prüfen (Rating). Hierfür werden u. a. Kennzahlen anhand der Zahlen des öffentlich zugänglichen Rechnungswesens der Bilanz und der Gewinn- und Verlustrechnung berechnet. Dafür interessieren sich auch die Anteilseigner und Lieferanten.

4.1.2 Betriebs- und Zeitvergleiche

Die reinen Zahlen des Jahresabschlusses eines bestimmten Jahres sind nicht sonderlich aussagekräftig. Sie bedürfen eines Vergleichswertes:

- Bei einem **Zeitvergleich** werden bspw. die Informationen der Bilanz des Jahres 2017 mit denen vorangegangener Bilanzen verglichen.
- Ein **Branchenvergleich** würde die Zahlen des betrachteten Unternehmens mit anderen Unternehmen der Branche vergleichen.
- Ein **interner Vergleich** würde die Zahlen der einen Konzerntochter mit denjenigen anderer Konzerntöchter vergleichen.

Es werden folgende Formen von Kennzahlen unterschieden:

1. Zunächst die **absoluten Kennzahlen**. Hierbei handelt es sich um die ursprünglichen Zahlen, die ohne Vergleichswert relativ wenig aussagen. Hat ein Unternehmen bspw. 100 Mitarbeiter, so ist das wenig aussagekräftig. Wenn diese Zahl mit dem Vorjahr oder Mitbewerbern verglichen wird, erhält sie Bedeutung.

2. Sofern die absoluten Kennzahlen in Beziehung zu anderen Zahlen gebracht werden, spricht man von **Verhältniszahlen** (= relative Kennzahlen). Dabei werden die folgenden Formen unterschieden (Hinweis: Sowohl Messzahlen als auch Indexzahlen sind dimensionslos – d. h. ohne Euro, Prozent, kg oder dergleichen am Ende.):

- **Messzahlen** sind *Quotienten aus zwei gleichartigen Zahlen.* So könnten bspw. die Anzahl der Mitarbeiter der Fertigung durch die Anzahl der Mitarbeiter in der Verwaltung geteilt werden. Würde hier 1,25 herauskommen, würden in der Fertigung 25 Prozent mehr Mitarbeiter als in der Verwaltung tätig sein.
- Eine Sonderform der Messzahlen sind **Indexzahlen**, bei denen sich der Zähler und der Nenner nur durch die *zeitliche Dimension* unterscheiden. In der VWL wird damit bspw. der Verbraucherpreisindex berechnet, der das Preisniveau eines Monats (Juni 2017) durch das Preisniveau des Vorjahresmonats (Juni 2016) teilt. Ein Ergebnis von 1,02 entspricht dabei einer Inflationsrate von 2 %.
- Bei **Gliederungszahlen** wird eine *Teilmenge durch die Gesamtmenge geteilt.* Teil man bspw. das Eigenkapital durch das Gesamtkapital (× 100 %), erhält man die Gliederungszahl Eigenkapitalquote.
- Wird der Quotient zweier verschiedenartiger Zahlen gebildet, die aber in sinnvoller Beziehung zueinander bestehen, erhält man **Beziehungszahlen**. Teil man bspw. den Gewinn durch das Eigenkapital und multipliziert mit 100 % erhält man die Beziehungszahl Eigenkapitalrentabilität (siehe Kapitel 4.2 auf der nächsten Seite).

Ermittlung des Gewinns

F 2011: A4a, 10 Pt.
F 2013: A6a, 7 Pt.
H 2015: A7a, 6 Pt.

Zur Ermittlung der Rentabilitätskennzahlen (siehe nächster Abschnitt) muss häufig zunächst der Gewinn ermittelt werden. Hierfür gibt es zwei Möglichkeiten: (1) GuV: Gewinn = Erträge – Aufwendungen, (2) Eigenkapital-Vergleich: Gewinn = Eigenkapital des aktuellen Jahres – Eigenkapital des Vorjahres + Privatentnahmen – Privateinlagen. Bei einem negativen Ergebnis liegt jeweils ein Verlust vor. ► *Siehe Übersicht auf S. 23.*

4.2 Rentabilitätsrechnungen

4.2.1 Eigenkapitalrentabilität

F 2012: A6b, 9 Pt.

Die **Eigenkapitalrentabilität** (EKR; Unternehmerrentabilität) beschreibt die Rendite des eingesetzten Kapitals der Eigentümer des Unternehmens. Die Rendite muss höher als bei sicheren Geldanlagen sein. Zur Steigerung der EKR können bspw. (1) Aufwendungen gesenkt, (2) Umsätze gesteigert, (3) günstigere Zinssätze ausgehandelt und (4) die Eigenkapitalquote (Leverage-Effekt) gesenkt werden.

4.2.2 Gesamtkapitalrentabilität

Die **Gesamtkapitalrentabilität** (GKR; Unternehmensrentabilität) beschreibt die Rendite des investierten Kapitals – unabhängig davon, ob es von Eignern (erhalten Gewinne ausgeschüttet) oder Fremdkapitalgebern (erhalten Zinsen) stammt. Tipp: Sofern sich nur das Verhältnis von Eigen- zu Fremdkapital verändert, ändert sich die GKR nicht.

Der **Leverage-Effekt** besagt, dass bei einer Gesamtkapitalrentabilität, die über den Fremdkapitalzinsen liegt, die Eigenkapitalrentabilität durch einen verstärkten Fremdkapitaleinsatz erhöht werden kann. Wenn die Gesamtkapitalrentabilität bspw. bei 5 Prozent liegt, bedeutet dies, dass jeder – egal ob durch Eigen- oder Fremdkapital – investierte Euro in unserem Unternehmen 5 Ct. pro Jahr erwirtschaftet. Liegt der Kreditzins für Fremdkapital bei 4 Prozent, zahlen wir für diesen Euro indessen nur 4 Ct. pro Jahr. Also könnten wir durch eine Fremdkapitalaufnahme zusätzliche Gewinne von 1 Ct. je Euro Kredit erzielen, die damit automatisch die Eigenkapitalrentabilität erhöhen.

4.2.3 Umsatzrentabilität

Die **Umsatzrentabilität** (UR) setzt den Gewinn ins Verhältnis zum Umsatz des Unternehmens. Diese Kennzahl kann nur innerhalb einer Branche sinnvoll verglichen werden.

4

Fallbeispiel für einen fiktiven Industriebetrieb

A	Bilanz in T€		P
Anlagevermögen	**450**	**Eigenkapital**	**500**
Grundst./Gebäude	240		
BGA	210		
Umlaufvermögen	**350**	**Fremdkapital**	**300**
Vorräte	260	Darlehen	40
Forderungen	25	Rückstellungen	125
Wertpapiere	55	Lieferantenschulden	130
Kasse, Bank	10	Kontokorrentkredit	5
Summe	**800**	**Summe**	**800**

S	GuV in T€		H
Aufwendungen		**Erträge**	
Materialeinsatz	**50**	**Erlöse**	**100**
Personal	**25**	**Zinserträge**	**1**
Mieten	**8**	**Mieterträge**	**14**
Abschreibungen	**10**		
Zinsen	**2**		
Gewinn	**20**		
Summe	**115**	**Summe**	**115**

H 2008: A7a-c, 10 Pt.
F 2009: A8a-b, 10 Pt.
H 2009: A7a-c, 12 Pt.
F 2010: A6a-b, 13 Pt.
H 2010: A9a-c, 12 Pt.
F 2011: A4b, 10 Pt.
H 2011: A7a-c, 11 Pt.
F 2012: A6a, 7 Pt.
H 2012: A2a-c, 10 Pt.
F 2013: A6b-c, 7 Pt.
H 2013: A7a-b, 16 Pt.
F 2014: A6a-b, 16 Pt.
H 2014: A1b, 6 Pt.
F 2015: A7a-e, 20 Pt.
H 2015: A7b-c, 9 Pt.
F 2016: A7a-b, 16 Pt.
H 2016: A7a, 11 Pt.
F 2017: A7a-e, 20 Pt.
F 2018: A7a-b, 17 Pt.

1. $\text{Eigenkapitalrentabilität} = \frac{\text{Gewinn}}{\text{Eigenkapital}} \times 100\,\% = \frac{20}{500} \times 100\,\% = 4\,\%$

2. $\text{Gesamtkapitalrentabilität} = \frac{(\text{Gewinn} + \text{Zinsaufwendungen})}{\text{Gesamtkapital}} \times 100\,\%$

$$= \frac{(20+2)}{800} \times 100\,\% = \frac{22}{800} \times 100\,\% = 2{,}75\,\%$$

3. $\text{Umsatzrentabilität} = \frac{\text{Gewinn}}{\text{Umsatz}} \times 100\,\% = \frac{20}{100} \times 100\,\% = 20\,\%$

4. $\text{Return on Investment} = \frac{\text{Gewinn}}{\text{Gesamtkapital}} \times 100\,\% = \frac{20}{800} \times 100\,\% = 2{,}5\,\%$

$$\text{Return on Investment} = \text{Umsatzrentabilität} \times \text{Kapitalumschlag}$$

$$\text{Return on Investment} = \frac{\text{Gewinn}}{\text{Umsatz}} \times 100\,\% \times \frac{\text{Umsatz}}{\text{Gesamtkapital}} =$$

$$= \frac{20}{100} \times 100\,\% \times \frac{100}{800} = 0{,}2 \times 100\,\% \times 0{,}125 = 2{,}5\,\%$$

5

5 Planungsrechnung

5.1 Inhalt der Planungsrechnung

H 2008: A8, 9 Pt.
F 2013: A3, 10 Pt.
H 2014: A6, 8 Pt.
H 2017: A6, 16 Pt.

Pläne werden zur Realisierung der vorgegebenen Ziele in den unterschiedlichsten Funktionsbereichen eines Unternehmens erstellt:

- **Finanzpläne** für die Entwicklung der Liquidität
- **Investitionspläne** in Bezug auf neue Maschinen, Fuhrpark etc.
- **Beschaffungspläne** zur Planung der zu beschaffenden Roh-, Hilfs- und Betriebsstoffe
- **Produktionspläne** zur Planung des Produktionsprogramms
- **Absatzpläne** zur Planung der abzusetzenden Mengen und Preise
- **Personalpläne** zur Planung des Personalbedarfs, der Personalbeschaffung, des Personaleinsatzes und der Personalfreisetzung
- **Umsatzpläne** der zu erwartenden (Umsatz-) Erlöse
- **Kostenpläne** der zu erwartenden Kosten (= Plankostenrechnung)

Im Controlling werden die Pläne dann mit der Realität verglichen (Soll-Ist-Vergleiche, Zeitvergleiche, Branchenvergleiche).

5.2 Zeitliche Ausgestaltung

Es werden folgende zeitliche Dimensionen der Planung unterschieden:

- Die **strategische Planung** ist langfristig ausgerichtet (> 4 oder 5 Jahre) und ist eher qualitativ.
- Die **taktische Planung** stellt eine mittelfristige Konkretisierung der strategischen Planung dar.
- Die **operative Planung** ist kurzfristig ausgerichtet (< 1 oder 2 Jahren) und beschäftigt sich bspw. mit der Budgetierung.

Ein **Budget** ist dabei ein Vorgabewert, der einem Mitarbeiter, einer Abteilung, einem Bereich oder einer Filiale für einen bestimmten Zeitraum (bspw. 1 Jahr) zur Verfügung steht. Damit soll den Mitarbeitern ein bestimmter Handlungsspielraum innerhalb des Budgets eingeräumt werden. Nachteilig dabei sind evtl. das starre Bereichsdenken und die geringe Flexibilität. Wie kommen denn Pläne für Budgets zustande?

- Bei der **Top-down-Planung** wird das Budget Schritt für Schritt von oben nach unten weitergereicht. Vorteile: Das Verfahren ist einfach, relativ schnell und die Unternehmensleitung hat immer die Kontrolle über das *Gesamtbudget*. Nachteile: Die Zuteilung auf die einzelnen Bereiche und Abteilungen kann *fehlerhaft* sein, da die Unternehmensleitung gar nicht die nötigen Informationen der Basis besitzt, um eine korrekte Aufteilung durchzuführen. Zudem mag die Vorgehensweise für die Mitarbeiter *demotivierend* sein.

- Die **Bottom-up-Planung** versucht die beiden genannten Nachteile zu umgehen, indem die Mitarbeiter von unten nach oben ihre Budgetvorstellungen weiterreichen. Dadurch werden die Mitarbeiter in den Budgetprozess eingebunden, was einerseits *motivierend* ist und andererseits die *Detailkenntnisse* der Mitarbeiter nutzt. Leider hat das Verfahren den Nachteil, dass mit ziemlich großer Wahrscheinlichkeit das *Gesamtbudget* zu hoch ausfallen dürfte, weil sich jede planende Stelle eine gewisse Reserve einplanen dürfte. Zudem werden Anpassungen dann oft *ohne Rücksprache mit den Mitarbeitern* vorgenommen.

- Das **Gegenstromverfahren** versucht die *Vorteile der beiden Verfahren zu vereinen*. Zunächst gibt die Unternehmensleitung ein grobes Budget vor, das nach unten weitergereicht wird. In einem Rücklauf wird es dann von unten nach oben konkretisiert. Wenn dann oben wiederum zu viel herauskommt, muss evtl. eine Wiederholung des Planungsprozesses erfolgen. Der hierfür notwendige *Zeitaufwand* und die damit steigenden *Kosten der Planung* dürften auch die größten Nachteile des Verfahrens sein.

A

Anhang A: Fragen/Aufgaben zur Prüfungssimulation

Prüfungssimulation 1

1. Erläutern Sie die folgenden Grundsätze ordnungsgemäßer Buchführung (GoB). **(Σ = 9 Punkte)**

   a) Grundsatz der Klarheit **(3 Pt.)**

   b) Grundsatz der Wahrheit **(3 Pt.)**

   c) Grundsatz der vollständigen Aufzeichnung **(3 Pt.)**

2. Die Industrial AG produziert den Maschinentypus KP5-T. Je Maschine fallen 2.500 € Fertigungsmaterial und 1.600 € Fertigungslöhne an. Für ein Spezialwerkzeug sind anteilig je Maschine 400 € und für eine Spezialverpackung 300 € zu kalkulieren. Gehen Sie dabei von einem Kundenrabatt von 10 % und Kundenskonto von 2 % aus. Zusätzliche Informationen liegen vor: **(Σ = 18 Punkte)**

   - Materialgemeinkostenzuschlagssatz 20 %
   - Fertigungsgemeinkostenzuschlagssatz 250 %
   - Verwaltungsgemeinkostenzuschlagssatz 20 %
   - Vertriebsgemeinkostenzuschlagssatz 10 %

   a) Ermitteln Sie den notwendigen Bruttoverkaufspreis um einen Gewinnzuschlag von 5 Prozent erzielen zu können. **(10 Pt.)**

   b) Ermitteln Sie den Gewinn oder Verlust in € und Prozent, sofern die Maschine für 16.000 € verkauft werden müsste. **(8Pt.)**

3. In einer Möbelfabrik werden drei Sorten von Schränken der gleichen Holzsorte (Eiche) hergestellt. Zur Kostenverteilung wird das Gewicht des Holzbedarfs herangezogen. **(Σ = 12 Punkte)**

	Pitoria groß	Pitoria mittel	Pitoria klein
Holzbedarf (Eiche)	45 kg	30 kg	15 kg
Produktionsmenge	2.000 St.	4.000 St.	9.000 St.

Ermitteln Sie die Selbstkosten je Stück und gesamt für jede Sorte. Die Gesamtkosten betrugen 1.150.000 €.

A

4. Geben Sie für die folgenden Geschäftsvorfälle in der Tabelle an, mit welchen Beträgen Sie in der GuV und Betriebsergebnisrechnung eines Industriebetriebs erfasst werden. **(Σ = 14 Punkte)**

Zuordnung	GuV		KLR	
	Aufwand	Ertrag	Kosten	Leistungen
Kauf von 7 PCs: 10.500,- €				
Rohstoffverbrauch: 200.000 €				
Umsatzerlöse: 525.000 €				
Reparatur für nicht betrieblich genutztes Grundstück: 2.500 €				
Zinserträge: 3.100 €				
kalkulatorischer Unternehmerlohn: 25.000 €				
Zinsaufwendungen: 12.500 €; kalkulatorische Zinsen 17.500 €				

5. Die Industrial AG nutzt im Rahmen des operativen Controllings die Teilkostenrechnung. **(Σ = 14 Punkte)**

a) Vervollständigen Sie die Tabelle unten. Gehen Sie von konstanten Fixkosten und proportionalen variablen Kosten aus. **(10 Pt.)**

b) Berechnen Sie die Gewinnschwellenmenge sowie den Beschäftigungsgrad bei der Gewinnschwelle. **(4 Pt.)**

Beschäftigungsgrad	60 %	80 %
Stückzahl		
gesamte variable Kosten	225.000 €	
gesamte Fixkosten		
variable Stückkosten	15 € / St.	
Umsatzerlöse		500.000 €
Deckungsbeitrag		
Betriebsergebnis		20.000 €

6. Im Juni 2018 hat die Hydraulik+ AG bei der Produktion eines Gutes Gesamtkosten in Höhe von 375.000,- € und verkaufte dabei 5.000 St. Im Juli lagen die Gesamtkosten bei 525.000 € bei einer Absatzmenge von 7.500 St. **(Σ = 12 Punkte)**

   a) Ermitteln Sie anhand einer nachvollziehbaren Rechnung die Fixkosten und die variablen Stückkosten. **(8 Pt.)**

   b) Berechnen Sie den Gewinnschwellenumsatz bei einem Nettoverkaufspreis von 85 €. **(4 Pt.)**

7. Für die Hydraulik+ AG liegen zum Bilanzstichtag (31. Dezember 2018) folgende Werte vor: **(Σ = 21 Punkte)**

– Roh-, Hilfs- und Betriebsstoffe	50 T€
– Flüssige Mittel	50 T€
– Verbindlichkeiten 150 T€; Bankdarlehen	350 T€
– Betriebs- und Geschäftsausstattung	150 T€
– Umsatzsteuerschuld	30 T€
– Umsatzerlöse	225 T€
– Grundstücke 200 T€; Gebäude	250 T€
– Kontokorrentkredit	20 T€
– Forderungen	100 T€
– Summe der Aufwendungen	225 T€
– Summe der Erträge	240 T€
– Fremdkapitalzinsen als Teil der Aufwendungen	25 T€

   a) Erstellen Sie für den Industriebetrieb eine ordnungsgemäß gegliederte Bilanz. **(12 Pt.)**

   b) Berechnen Sie **(9 Pt.)**

   – die Eigenkapitalrentabilität

   – die Gesamtkapitalrentabilität

   – die Umsatzrentabilität

A

Prüfungssimulation 2

1. Die Zukunftsvision AG kauft am 15. August 2018 10.000 Aktien der BMW AG zum Preis von 85 €. Für den Jahresabschluss müssen die Aktien korrekt in der Bilanz bewertet werden. **(Σ = 11 Punkte)**

   a) Begründen Sie den korrekten Wertansatz in der Handelsbilanz für einen steigenden Kurs von 95 € am Bilanzstichtag (31.12.2018). **(4 Pt.)**

   b) Begründen Sie alternativ den Wertansatz in der Handelsbilanz zum 31.12.2018 für den Fall eines Aktienkurses von 70 € je Aktie. **(4 Pt.)**

   c) Erläutern Sie das Vorsichtsprinzip. **(3 Pt.)**

2. Die Finanzbuchhaltung eines Unternehmens kennt verschiedene Adressaten und Aufgaben bzw. Funktionen. **(Σ = 12 Punkte)**

   a) Nennen Sie drei Gruppen von Adressaten der Finanzbuchhaltung eines Unternehmens. **(3 Pt.)**

   b) Erläutern Sie drei Aufgaben bzw. Funktionen der Finanzbuchhaltung und nennen Sie jeweils ein konkretes Beispiel. **(9 Pt.)**

3. Neben Grundkosten sind in Unternehmen auch kalkulatorische Kosten von Bedeutung. **(Σ = 15 Punkte)**

   a) Die Forderungsbestände und -ausfälle eines Industriebetriebs für die letzten Jahre sehen Sie in der folgenden Tabelle.

in T€ / Jahr	2014	2015	2016	2017
⌀ Forderungsbestände	125	100	125	150
Forderungsausfälle	5	5	7	8

   Ermitteln Sie die kalkulatorischen Wagnisse für 2018 bei einem durchschnittlichen Forderungsbestand von 140 T€. **(6 Pt.)**

   b) Erläutern Sie drei Gründe für den unterschiedlichen Wertansatz der Abschreibungen in der Finanzbuchhaltung und der Kostenrechnung. **(9 Pt.)**

A

4. Für den Monat Juni 2018 liegt ein noch unvollständiger Betriebsabrechnungsbogen (BAB) der Neufirm GmbH vor. Als zusätzliche Angaben liegen vor: **(Σ = 15 Punkte)**

- Miete: $100\ m^2 : 200\ m^2 : 500\ m^2 : 200\ m^2$
- Strom: 1.000 kWh : 1.000 kWh : 5.000 kWh : 3.000 kWh
- Sonstige: 1 T. : 2 T. : 7 T. : 5 T.
- Fertigungsmaterial: 40.000 €
- Fertigungslöhne: 30.000 €
- Umlageschlüssel Hilfskostenstelle Kantine: 1 : 3 : 3

a) Berechnen Sie die Summe der Gemeinkosten (GK) je Kostenstelle im BAB unten. **(8 Pt.)**

b) Ermitteln Sie die Gemeinkostenzuschlagssätze für die Hauptkostenstellen. **(7 Pt.)**

BAB in €	06/18	Hilfsk.st.	Hauptkostenstellen		
Gemeinkosten	Σ	1 Kantine	2 Mat.	3 Fert.	4 Vw./Vt.
Gehälter	36.000	2.000	4.000	12.500	17.500
Miete	5.000				
Strom	2.000				
Abschreibungen	7.000	500	200	5.200	1.100
Sonstiges	15.000				
Summe prim. GK					
1. Umlage: Verw.					
a) Summe GK					
Zuschlags-grundlage					
b) Zuschlagssätze					

5. Im Juni 2018 hat die Hydraulik+ AG bei Gesamtkosten in Höhe von 800.000,- € und einem Beschäftigungsgrad von 80 % genau die Gewinnschwelle erreicht. **(Σ = 12 Punkte)**

a) Ermitteln Sie die Fixkosten und den Gewinnschwellenumsatz bei einem Gesamtdeckungsbetrag von 200.000 €. **(8 Pt.)**

A

b) Berechnen Sie das Betriebsergebnis bei einer vollständigen Kapazitätsauslastung (variable Kosten sind proportional). **(4 Pt.)**

6. Die Big Sale GmbH, ein Großhandelsbetrieb, bietet ein Produkt zum Nettoverkaufspreis von 61,25 € an. Dabei werden 7,5 % Vertreterprovision, 20 % Kundenrabatt und 2,5 % Kundenskonto gewährt. Zudem ist zu berücksichtigen: **(Σ = 20 Punkte)**

   - Lieferantenrabatt 7,5 %
   - Lieferantenskonto 2,5 %
   - Gewinnzuschlagssatz 5 %
   - Bezugskosten 1,14 €

   a) Ermitteln Sie die Handlungskosten in € und den Handlungskostenzuschlagssatz in Prozent, sofern der Listeneinkaufspreis der Ware 32 € beträgt. **(14 Pt.)**

   b) Ermitteln Sie die den Kalkulationsfaktor und die Handelsspanne für den Großhändler. **(6 Pt.)**

7. Es liegen die Bilanzen der J. Gold KG 2017/2018 vor: **(Σ = 15 Pt.)**

A — Bilanzen zum 31.12.... in T€ — P

	2017	2018		2017	2018
I. Anlagevermögen			**I. Eigenkapital**	**200**	**325**
Grundstücke	500	500			
BGA	275	300	**II. Fremdkapital**		
II. Umlaufvermögen			Bankdarlehen	700	700
Vorräte	250	275	Verbindlichkeiten	250	200
Forderungen	150	150	Kontokorrentkredit	50	25
Flüssige Mittel	25	25			
Summe	**1.200**	**1.250**	**Summe**	**1.200**	**1.250**

Im Jahr 2018 hat der Komplementär Jonas Gold monatlich 5 T€ Privatentnahmen getätigt. Aufgrund einer Erbschaft brachte er am 17. Dezember 2018 120 T€ privat ein.

a) Ermitteln Sie den Jahresüberschuss für das Jahr 2018. **(6 Pt.)**

b) Berechnen Sie b1) die Eigenkapitalrentabilität, b2) die Gesamtkapitalrentabilität und b3) die Umsatzrentabilität jeweils für das Jahr 2018. Fremdkapitalzinsen = 25 T€; Umsatzerlöse = 800 T€. **(9 Pt.)**

Anhang B: Lösungen zu den Aufgaben

B

Lösungen zur Prüfungssimulation 1

1. RSP 2.1.2: Grundsätze ordnungsmäßiger Buchführung **(jeweils 3 Pt. = 9 Punkte)**

   a) Grundsatz der Klarheit: Es sind gemäß § 243 Abs. 2 HGB bestimmte formale Gliederungs- und Gestaltungskriterien einzuhalten. Dazu zählt eine eindeutige Bezeichnung der Posten.

   b) Grundsatz der Wahrheit: Der Jahresabschluss ist inhaltlich und wertmäßig wahr und fachgerecht zu erstellen.

   c) Prinzip der vollständigen Aufzeichnung: Alle Geschäftsvorfälle müssen fortlaufend und vollständig aufgezeichnet werden.

2. RSP 3.4.2: Zuschlagskalkulation der Industrie **(Σ = 18 Punkte)**

   a) Es ergibt sich ein Bruttoverkaufspreis von 16.999,99 €. **(10 Pt.)**

Zuschlagskalkulation in EUR	%	a) Vorw.	b) Diff.
Fertigungsmaterial		2.500	2.500
+ Materialgemeinkosten	20 %	500	500
Materialkosten		3.000	3.000
Fertigungslöhne		1.600	1.600
+ Fertigungsgemeinkosten	250 %	4.000	4.000
+ Sondereinzelkost. d. Fert.		400	400
Fertigungskosten		6.000	6.000
Herstellkosten		9.000	9.000
+ Verwaltungsgemeinkosten	20 %	1.800	1.800
+ Vertriebsgemeinkosten	10 %	900	900
+ Sondereinzelkost. d. Vertr.		300	300
Selbstkosten		12.000	12.000

B

Zuschlagsk. in EUR	%	a) Vorw.	b) Diff.
Selbstkosten		**12.000,00**	**12.000,00**
+ Gewinn	**5 %**	**600,00**	**-141,18**
Barverkaufspreis		**12.600,00**	**11.858,82**
+ Kundenskonto	**2 %**	**257,14**	**242,02**
Zielverkaufspreis		**12.857,14**	**12.100,84**
+ Kundenrabatt	**10 %**	**1.428,57**	**1.344,54**
Listenverkaufspreis		**14.285,71**	**13.445,38**
+ Umsatzsteuer	**19 %**	**2.714,28**	**2.554,62**
Bruttoverkaufspreis		**16.999,99**	**16.000,00**

b) Der Verlust beträgt –141,18 € bzw. –1,18 Prozent. **(8 Pt.)**

3. RSP 3.4.5: Äquivalenzziffernkalkulation **(Σ = 12 Punkte)**

Sorte	ÄZ	Menge	UZ	Selbstkosten/St.	SK/Sorte
Pitoria gr.	3,0	2.000	6.000	**150 €**	**300.000 €**
Pitoria mi.	2,0	4.000	8.000	**100 €**	**400.000 €**
Pitoria kl.	1,0	9.000	9.000	**50 €**	**450.000 €**
Σ	–	15.000	23.000	–	1.150.000 €

4. RSP 2.3.1.4: Abgrenzungsrechnung **(Σ = 14 Punkte)**

Zuordnung	GuV		KLR	
	Aufwand	Ertrag	Kosten	Leistungen
Kauf von 7 PCs: 10.500,- €				
Rohstoffverbrauch: 200.000 €	200.000 €		200.000 €	
Umsatzerlöse: 525.000 €		525.000 €		525.000 €
Reparatur für nicht betrieblich genutztes Grundstück: 2.500 €	2.500 €			
Zinserträge: 3.100 €		3.100 €		
kalkulatorischer Unternehmerlohn: 25.000 €			25.000 €	
Zinsaufwendungen: 12.500 €; kalkulatorische Zinsen 17.500 €	12.500 €		17.500 €	

B

5. RSP 3.5.2: Einstufige Deckungsbeitragsrechnung **(Σ = 14 Punkte)**

a) Die Ergebnisse werden in einer sachlogisch gegliederten Tabelle dargestellt. Die zu nennenden Werte sind hervorgehoben und sollten in die Ausgangstabelle übernommen werden: **(10 Pt.)**

	Auslastung = 60 %		Auslastung = 80 %	
in EUR	pro St.	❶ **15.000 St.**	pro St.	❷ **20.000 St.**
Erlöse	❽ 25	**375.000**	❼ 25	**500.000**
– variable Kosten	**15**	**225.000**	**15**	❸ **300.000**
= Deckungsbeitrag	10	**150.000**	10	❹ **200.000**
– Fixkosten	12	❻ **180.000**	9	❺ **180.000**
Betriebsergebnis	–2	**–30.000**	+1	**+20.000**

❶ Stückzahl = 225.000 € ÷ 15 €/St., ❷ Dreisatz, ❸ = 20.000 St. × 15 €/St., ❹ 500 T€ – 300 T€, ❺ 200 T€ – 20 T€, ❻ identisch zu 60 % Auslastung, ❼ 500 T€ ÷ 20.000 Stück, ❽ identisch zu ❼.

b) Die Gewinnschwelle liegt bei 18.000 St. und das entspricht einer Kapazitätsauslastung (= Beschäftigungsgrad) von 72 %: **(4 Pt.)**

$$x_{BEP} = \frac{K_{fix}}{(p - k_{var})} = \frac{180.000\ €}{(25\ € - 15\ €)} = \frac{180.000\ €}{10\ € / St.} = 18.000\ St.$$

$$80\ \% \mathrel{\hat{=}} 20.000\ St. \rightarrow 100\ \% \mathrel{\hat{=}} 25.000\ St. = \text{Kapazitätsgrenze}$$

$$\text{Beschäftigungsgrad} = \frac{\text{Gewinnschwellenmenge}}{\text{Kapazitätsgrenze}} \cdot 100\ \%$$

$$= \frac{18.000\ St.}{25.000\ St.} \cdot 100\ \% = 72\ \%$$

6. RSP 3.5.2: Einstufige Deckungsbeitragsrechnung **(Σ = 12 Punkte)**

a) Zunächst wird die Differenz der Kosten genutzt um die variablen Stückkosten (= 150.000 € ÷ 2.500 St. = 60 €/St.) zu ermitteln. Daraus ergeben sich die Fixkosten von 75.000 €: **(8 Pt.)**

Monat	Menge	Kosten	var. Kosten	**Fixkosten**
Mai	5.000 St.	375.000 €	300.000 €	**75.000 €**
Juni	7.500 St.	525.000 €	450.000 €	**75.000 €**
Differenz	2.500 St.	150.000 €	150.000 €	**0 €**

b) Die Gewinnschwellenmenge erhalten wir durch eine Division der Fixkosten mit dem Stückdeckungsbeitrag (x_{BEP} = 75.000 € ÷ [85 €/St. – 60 €/St.] = 3.000 St.). Multiplizieren wir dies mit dem Nettoverkaufspreis erhalten wir einen Gewinnschwellenumsatz von 255.000 € (= 3.000 St. × 85 €/St.). **(4 Pt.)**

7. RSP a) 2.2.2, b) 2.4.2 **(Σ = 21 Punkte)**

a) Die Bilanz des Industriebetriebs sieht folgendermaßen aus. Es resultiert ein Eigenkapital im Umfang von 250 T€: **(12 Pt.)**

A — Bilanz zum 31.12.18 in T€ — P

I. Anlagevermögen		**I. Eigenkapital**	**250**
Grundstücke	200		
Gebäude	250	**II. Fremdkapital**	
BGA	150	Bankdarlehen	350
II. Umlaufvermögen		Verbindlichkeiten	150
RHB-Stoffe	50	Umsatzsteuerschuld	30
Forderungen	100	Kontokorrentkredit	20
Flüssige Mittel	50		
Summe	**800**	**Summe**	**800**

b) Es ergeben sich die folgenden Ergebnisse: **(9 Pt.)**

$$\text{Eigenkapitalrentabilität} = \frac{\text{Gewinn}}{\text{Eigenkapital}} \times 100\,\% = \frac{15}{250} \times 100\,\% = 6\,\%$$

$$\text{Gesamtkapitalrentabilität} = \frac{(\text{Gewinn} + \text{Zinsaufwendungen})}{\text{Gesamtkapital}} \times 100\,\%$$

$$= \frac{(15+25)}{800} \times 100\,\% = \frac{40}{800} \times 100\,\% = 5\,\%$$

$$\text{Umsatzrentabilität} = \frac{\text{Gewinn}}{\text{Umsatzerlöse}} \times 100\,\% = \frac{15}{225} \times 100\,\% = 6{,}67\,\%$$

B

Lösungen zur Prüfungssimulation 2

1. RSP 2.1.4: Bewertungsansätze **(Σ = 11 Punkte)**

   a) Sofern der Marktpreis über den Anschaffungskosten liegt, darf der Bestand nur mit den Anschaffungskosten bewertet werden (Anschaffungswertprinzip): Bilanzansatz = 85 € × 10.000 St. = 850.000 €. **(4 Pt.)**

   b) Nach dem strengen Niederstwertprinzip muss von zwei möglichen Bewertungsansätzen grundsätzlich der niedrigere Wert gewählt werden. Der Bestand ist daher mit dem Marktpreis von 70 € je Aktie zu bewerten.: Bilanzansatz = 70 € × 10.000 St. = 700.000 €. **(4 Pt.)**

   c) Vorsichtsprinzip: Gewinne dürfen nur ausgewiesen werden, wenn sie tatsächlich realisiert wurden. Drohende Verluste müssen hingegen ausgewiesen werden. Diese Ungleichbehandlung wird auch Imparitätsprinzip genannt. **(3 Pt.)**

2. RSP 2.2.1: Grundlagen der Finanzbuchhaltung **(Σ = 12 Punkte)**

   a) Lieferanten, Banken, Aktionäre, Finanzamt usw. **(3 Pt.)**

   b) Zu den Aufgaben/Funktionen zählen: **(9 Pt.)**

   - Dokumentationsfunktion: laufende, lückenlose, sachlich und zeitlich geordnete Aufzeichnung aller Geschäftsvorfälle des Unternehmens: bspw. Erfassung einer Kundenrechnung.
   - Informationsfunktion: zur Information der Adressaten über die wirtschaftliche Lage des Unternehmens: bspw. Information der Bank hinsichtlich der Vermögenslage.
   - Beweismittelfunktion bei Rechtsstreitigkeiten: Die Zahlen der Finanzbuchhaltung belegen die angefallenen Geschäftsvorfälle: bspw. Lieferant bestreitet unsere Zahlung.

3. RSP 2.3: Kostenartenrechnung **(Σ = 15 Punkte)**

   a) Es ergeben sich die folgenden Ergebnisse: **(6 Pt.)**

B

$$\text{Forderungsausfallquote} = \frac{(5+5+7+8)}{(125+100+125+150)} \times 100\,\%$$

$$= \frac{25\text{ T€}}{500\text{ T€}} \times 100\,\% = 5\,\%$$

Forderungsausfallwagnis = 5 % von 140 T€ = 7 T€

b) Zu den unterschiedlichen Ansätzen siehe die Tabelle. Sie sollten diese Gründe in Sätzen erläutern: **(9 Pt.)**

Unterscheidungs-merkmal	Finanzbuchhaltung: bilanziell	Kostenrechnung: kalkulatorisch
Welcher Betrag?	Anschaffungs- und Herstellungskosten	Wiederbeschaffungs-kosten
Nutzungsdauer	gemäß AfA-Tabelle des Bundesfinanzministeriums	geplante tatsächliche Nutzungsdauer
Abschreibungs-methode	zur Zeit linear; sofern erlaubt degressiv	grundsätzlich linear

4. RSP 3.3: Kostenstellenrechnung **(Σ = 15 Punkte)**

BAB in €	06/18	Hilfsk.st.	Hauptkostenstellen		
Gemeinkosten	Σ	1 Kantine	2 Mat.	3 Fert.	4 Vw./Vt.
Gehälter	36.000	2.000	4.000	12.500	17.500
Miete	5.000	500	1.000	2.500	1.000
Strom	2.000	200	200	1.000	600
Abschreibungen	7.000	500	200	5.200	1.100
Sonstiges	15.000	1.000	2.000	7.000	5.000
Summe prim. GK	65.000	4.200	7.400	28.200	25.200
1. Umlage: Verw.		-	600	1.800	1.800
a) Summe GK (8 Pt.)	**65.000**	-	**8.000**	**30.000**	**27.000**
Zuschlags-grundlage	-	-	FM 40.000	FL 30.000	HKU 108.000
b) Zuschlagssätze (7 Pt.)	-	-	**20 %**	**100 %**	**25 %**

5. RSP 3.5.2: Einstufige Deckungsbeitragsrechnung **(Σ = 12 Punkte)**

a) Bei der Gewinnschwelle ist das Betriebsergebnis bei 0 €. Dann entspricht der Deckungsbeitrag den Fixkosten in Höhe von 200 T€. Zudem entsprechen bei der Gewinnschwelle die Gesamtkosten den Umsatzerlösen. Der Gewinnschwellenumsatz beträgt daher 800 T€. **(8 Pt.)**

	Auslastung = 80 %		Auslastung = 100 %	
in EUR	pro St.	? St.	pro St.	? St.
Erlöse		a) 800.000		1.000.000
– variable Kosten		600.000		750.000
= Deckungsbeitrag		200.000		250.000
– Fixkosten		a) 200.000		200.000
Betriebsergebnis		0		b) 50.000
Kosten = var. K. + Fixk.		800.000		950.000

b) Die Fixkosten sind konstant bei 200 T€. Mit Dreisatz kann man die neuen Umsatzerlöse und variablen Kosten berechnen: E = 800 T€ ÷ 80 % × 100 % = 1.000 T€ und K_{var} = 600 T€ ÷ 80 % × 100 % = 750 T€. Der Deckungsbeitrag ist dann 250 T€ und das Betriebsergebnis bei 50 T€. **(4 Pt.)**

6. RSP 3.4.6: Handelswarenkalkulation. **(Σ = 20 Punkte)**

a) Die Handlungskosten betragen 12 € und der Handlungskostenzuschlagssatz liegt bei 40 %. **(14 Pt.)**

Zuschlagskalkulation des Handels		
in EUR	%	a) Vorw.
Listeneinkaufspreis		32,00
– Lieferantenrabatt	7,5 %	2,40
Zieleinkaufspreis		29,60
– Lieferantenskonto	2,5 %	0,74
Bareinkaufspreis		28,86
+ Bezugskosten		1,14
Bezugspreis		30,00
+ Handlungskosten		**12,00**
Selbstkostenpreis		42,00

Zuschlagskalkulation des Handels		
in EUR	%	a) Vorw.
Selbstkostenpreis		42,00
+ Gewinn	5 %	2,10
Barverkaufspreis		44,10
+ Vertreterprovision	7,5 %	3,675
+ Kundenskonto	2,5 %	1,225
Zielverkaufspreis		49,00
+ Kundenrabatt	20 %	12,25
Listenverkaufspreis		61,25

$$\text{Handlungskostenzuschlagssatz} = \frac{\text{Handlungskosten}}{\text{Bezugspreis}} \bullet 100\%$$

$$= \frac{12€}{30€} \bullet 100\% = 40\%$$

b) Der Kalkulationsfaktor ist 2,042 und die Handelsspanne liegt bei 51,02 % **(6 Pt.)**

B

1. $KF_{GH} = \frac{\text{Listenverkaufspreis}}{\text{Bezugspreis}} = \frac{61{,}25€}{30€} = 2{,}042$

2. $HSP_{GH=EH} = \frac{(\text{Listenverkaufspreis-Bezugspreis})}{\text{Listenverkaufspreis}} \bullet 100\%$

$$= \frac{(61{,}25€ - 30€)}{61{,}25€} \bullet 100\% = 51{,}02\%$$

7. RSP a) 2.2.2: Jahresabschluss bzw. 2.4.1, b) 2.4.2 Rentabilitäten **(Σ = 15 Punkte)**

a) Es ergibt sich ein Jahresüberschuss von 65 T€: **(6 Pt.)**

Eigenkapital Ende aktuelles Jahr	325 T€
– Eigenkapital des Vorjahres	200 T€
+ Privatentnahmen	60 T€
– Privateinlagen	120 T€
= Jahresüberschuss	65 T€

b) Als Ergebnis erhält man die folgenden Rentabilitäten: **(9 Pt.)**

$$\text{Eigenkapitalrentabilität} = \frac{\text{Gewinn}}{\text{Eigenkapital}} \times 100\,\% = \frac{65}{325} \times 100\,\% = 20\,\%$$

$$\text{Gesamtkapitalrentabilität} = \frac{(65+25)}{1.250} \times 100\,\% = 7{,}2\,\%$$

$$\text{Umsatzrentabilität} = \frac{\text{Gewinn}}{\text{Umsatzerlöse}} \times 100\,\% = \frac{65}{800} \times 100\,\% = 8{,}125\,\%$$

Hinweis:
Alternativ kann das durchschnittlich gebundene Eigenkapital oder Gesamtkapital (= [Anfangswert + Endwert] ÷ 2) verwendet werden. Der Anfangswert entspricht dem Wert der Schlussbilanz des Vorjahres.

Die meisten Punkte gehen nicht durch fehlendes Wissen verloren, sondern durch falsches Vorgehen in der Prüfung. Lesen Sie die **Tipps** auf den folgenden Seiten intensiv durch.

Anhang C: Tipps zur Prüfung

C

- Suchen Sie vor der Prüfung einen ruhigen Platz im Vorraum und versuchen Sie **innere Ruhe** zu finden. Lassen Sie sich nicht von den unruhigen Zeitgenossen nerven, die vor der Prüfung alle stressen.
- Zunächst sollten Sie die **gesamte Prüfung durchblättern**. Es kommt immer wieder vor, dass Prüflinge einzelne Aufgaben auf der letzten Seite nicht lösen, da sie diese übersehen haben – kein Scherz!
- Lösen Sie die Aufgaben eine nach der anderen. Die **Reihenfolge** hierfür ist jedoch egal. Alle Aufgaben sollten in den Lösungsblättern **zusammenhängend** gelöst werden.
- Sollten Sie nach der Bearbeitung weiterer Aufgaben noch etwas in eine zuvor gelöste Aufgabe einfügen wollen und es fehlt der nötige Platz, können Sie das natürlich weiter hinten einfügen. **Wichtig:** Sie müssen aber unbedingt in der vorderen Lösung einen Verweis auf die weitere Lösung mit deren Seitenzahl einfügen. Der Korrektor ist eher wohlwollend gestimmt. Sie sollten ihn aber nicht unnötig verärgern.
- Es sollte eigentlich klar sein, dass Sie sich keinen Gefallen tun, wenn Sie dem Korrektor die Arbeit durch **unlesbare oder schlecht strukturierte Lösungen** erschweren.
- Verwenden Sie für jede neue Aufgabe jeweils eine neue Seite.
- Sie müssen die Aufgabennummern auf das jeweilige Blatt schreiben.
- Für gewöhnlich besteht eine Prüfungsaufgabe aus **Teilaufgaben** (a, b, ...). Sie müssen Ihre Lösungen genau diesen Teilaufgaben zuordnen und nicht einfach Aufgabe 3 hinschreiben und alle Teillösungen ohne Teilnummerierung aneinanderreihen. Das wird leider zu häufig gemacht und kann zu Punktabzug führen.
- Es empfiehlt sich mit eher **leichteren Aufgaben zu beginnen**. Das ist psychologisch sehr sinnvoll, da Sie dann nach der eher erfolgreichen Beantwortung ein positives Gefühl mit zur nächsten Aufgabe nehmen.

- Sie sollten ohnehin zunächst alle Aufgaben kurz überfliegen. Verschwenden Sie andererseits nicht zu viel Zeit mit der Auswahl der ersten zu lösenden Aufgabe. Im Zweifelsfall fährt man mit der 1. Aufgabe ganz gut.

- Sobald Sie eine Aufgabe bearbeiten, sollten Sie diese **immer zuerst vollständig und intensiv durchlesen**. Markieren Sie mit einem **Textmarker** wichtige Angaben. Das klingt zwar selbstverständlich, ist es aber nicht. Viele Prüflinge wollen möglichst schnell sein und überfliegen die Aufgabe und lösen sofort nach dem Erfassen von Signalworten. Aber der Teufel liegt im Detail. **Sie müssen auf jedes Wort der Fragestellung achten.**

- **Die größten Fehler resultieren m. E. aus dem ungenügenden Lesen der Aufgaben.**

- Oftmals bereitet die **Formulierung der Fragestellung** Probleme. Viele Prüflinge berichten, dass Sie die Aufgaben bei einer »besseren« Aufgabenstellung auch lösen könnten. Diese Erkenntnis hilft Ihnen aber nicht weiter: Sie haben halt nun mal diese eine Prüfung vor sich liegen, und können während der Prüfung niemanden hierzu befragen – es gibt keine Hotline zum Dozenten.

- Denken Sie bitte an das Folgende: Zumeist wird altbekannter Stoff abgefragt – aber evtl. in einem neuen Gewand in einer neuen Formulierung. Setzen Sie also den **Röntgenblick** auf und überlegen Sie, was der Prüfungsersteller wohl von Ihnen wissen möchte.

- Umgekehrt machen Sie bitte aber auch nicht den gegenteiligen Fehler: Schreiben Sie nicht alles auf, was nur irgendwie entfernt mit dem Thema verwandt ist und Ihnen halt mal gerade einfällt. **Achten Sie schon auf die exakte Fragestellung.**

- Nutzen Sie die Lösungswege und -tabellen wie sie hier im Fachbuch beschrieben werden. Nicht nur die 7 Fallbeispiele der Deckungsbeitragsrechnung dürften Ihnen viele Punkte einbringen, die Sie ansonsten leicht verlieren könnten.

Anhang D: Typische Fehler in Prüfungen

D

Auf den folgenden Seiten finden Sie falsche Lösungen, die Ihnen aufzeigen, welche Fehler bei der Lösung von Prüfungen durch Prüfungsteilnehmer typischerweise gemacht werden. Die Lösungen in Schreibschrift durch einen fiktiven Prüfungsteilnehmer sind nicht alle vollkommen falsch, sondern haben verschiedene Fehler, die von Prüfungsteilnehmern typischerweise gemacht werden. Daraus ergeben sich Tipps, wie Sie es in der Prüfung nicht machen sollten. Zudem sehen Sie Korrekturhinweise, um einerseits zu verdeutlichen, worin der Fehler liegt und um Ihnen andererseits zu zeigen, wie Korrektoren korrigieren.

Vorsicht:

Die folgenden Lösungen sind erfundene, falsche Lösungen um Ihnen mögliche Fehlerquellen darzulegen.

1. Zum 31.12.2018 hat ein Industriebetrieb noch 500 Bauteile der Baugruppe T9/57 auf Lager. Die Anschaffungskosten lagen bei 35 € je Bauteil. Zur Erstellung des Jahresabschlusses müssen die Bauteile korrekt in der Bilanz bewertet werden. **(Σ = 8 Punkte)**

   a) Der Marktwert der Bauteile lag am 31.12.2018 bei 31 € je Bauteil. Ermitteln und begründen Sie den korrekten Wertansatz in der Handelsbilanz. **(4 Pt.)**

   Hier gilt das Niederstwertprinzip. Der Bestand ist mit dem Marktpreis zu bewerten, sofern dieser unterhalb der Anschaffungskosten liegt.

Tipp: Sie müssen schon die gesamte Aufgabenstellung bearbeiten.

1. Tipp

Es reicht nicht aus, wenn Sie hier nur das Prinzip erläutern. Sie sollten den konkreten Wertansatz in der Bilanz ermitteln.

Korrekturhinweis: a) 2 Pt.; richtig ist: 31 €/St. × 500 St. = 15.500 €

b) Ermitteln und begründen Sie den korrekten Wertansatz in der Handelsbilanz, wenn der Marktpreis zum Bilanzstichtag (31.12.2018) bei 40,50 € wäre. **(4 Pt.)**

Das Vorsichtsprinzip besagt, dass noch nicht realisierte Verluste ausgewiesen werden müssen.

Tipp: Richtig beschriebene Sachverhalte bringen nichts, wenn Sie nicht zur Aufgabe passen.

2. Tipp

Zwar wurde ein sachlich korrekter Satz geliefert, der aber nichts mit der Aufgabenstellung zu tun hat. Hier geht es um einen noch nicht realisierten Gewinn.

Korrekturhinweis: b) 0 Pt.; Σ A1 = 2 P.; richtig wäre: 35 €/St. × 500 St. = 17.500 €.

2. Ein Großhändler kauft einen Artikel zum Listeneinkaufspreis von 15 € ein. Dabei erhält er vom Hersteller 20 % Lieferantenrabatt und 2,5 % Lieferantenskonto. Im Verkauf gewährt er 2,5 % Kundenskonto, 17,5 % Vertreterprovision und 12,5 % Kundenrabatt. Zudem sind zu berücksichtigen:
(Σ = 20 Punkte)

- Bezugskosten: 1,10 €
- Handlungskostenzuschlagssatz: 25 %
- Gewinnzuschlagssatz: 25 %

a) Ermitteln Sie Listenverkaufspreis.
(10 Pt.)

Korrekturhinweis: a) 7 Pt. ▸ Lösung auf der nächsten Seite!

b) Berechnen Sie den erforderlichen Listeneinkaufspreis, sofern er den Artikel aus Gründen des Wettbewerbs für 24,80 € verkaufen müsste und die sonstigen Werte nicht geändert werden sollen.
(10 Pt.)

Korrekturhinweis: b) 8 Pt., Σ A2 = 15 P. ▸ Lösung auf der nächsten Seite!

D

	%	a) in €	b) in €
Listeneinkaufspreis		15,00	12,31
– Lieferantenrabatt	20 %	3,00	2,05
Zieleinkaufspreis		12,00	10,26
– Lieferantenskonto	2,5 %	0,30	0,25
Bareinkaufspreis		11,70	10,01
+ Bezugskosten		1,10	1,10
Bezugspreis		12,80	11,11
+ Handlungskosten	25 %	3,20	2,78
Selbstkostenpreis		16,00	13,89
+ Gewinn	25 %	4,00	3,47
Barverkaufspreis		20,00	17,36
+ Vertreterprovision	17,5 %	F1 3,50	3,80
+ Kundenskonto	2,5 %	0,50	0,54
Zielverkaufspreis		F2 24,00	21,70
+ Kundenrabatt	12,5 %	3,00	3,10
Listenverkaufspreis		F3 27,00	24,80

–1 P. F5 F4 –1 P.

–3 P.

zu a)
dreifacher Fehler ab Vertreterprovision abwärts, da jeweils der falsche Grundwert benutzt wurde.

zu a) korrekte Lösung		a) in €		
Barverkaufspreis		20,00	≙ 80 %	
+ Vertreterprovision	17,50 %	4,375	↓	
+ Kundenskonto	2,5 %	0,625		
Zielverkaufspreis		25,00	≙ 100 %	≙ 87,5 %
+ Kundenrabatt	12,5 %	3,57		↓
Listenverkaufspreis		28,57		≙ 100 %

zu b) korrekte Lösung		b) in €		
Listeneinkaufspreis		12,84		≙ 100 %
– Lieferantenrabatt	20 %	2,57		↑
Zieleinkaufspreis		10,27	≙ 100 %	≙ 80 %
– Lieferantenskonto	2,5 %	0,26	↑	
Bareinkaufspreis		10,01	≙ 97,5 %	

zu b)
doppelter Fehler ab Barverkaufspreis aufwärts, da jeweils der falsche Grundwert benutzt wurde.

Hinweis:

Bei manchen Aufgaben besteht ein gewisser Bewertungsspielraum. Hier wäre es bei a) und b) auch gerechtfertigt, mehr als 1

Punkte je Fehler abzuziehen, da es sich um wesentliche Rechenschritte handelt.

Tipp: Vertreterprovision, Kundenskonto und Kundenrabatt werden im Hundert gerechnet.

3. Tipp

Dieser Fehler ist bei der Vorwärtskalkulation ein echter Dauerrenner. Er kann im Unterricht noch so oft geübt werden. Trotzdem kommt er in jeder Prüfung vor. Dieses Problem tritt sowohl bei der Handelskalkulation als auch der industriellen Kalkulation auf.

Tipp: Lieferantenrabatt und -skonto bei der Rückwärtskalkulation nicht falsch berechnen.

4. Tipp

Dieser Fehler ist hingegen bei der Rückwärtskalkulation ein Dauerrenner. Hier wird manchmal sogar noch das Lieferantenskonto vom Bareinkaufspreis abgezogen, um zum Zieleinkaufspreis zu gelangen. Bedenken Sie bitte, dass sich bei der Rückwärtskalkulation die Vorzeichen ändern. Was jeweils der Grundwert ist (= 100 %), ist unabhängig davon, ob es sich um eine Vorwärts-, Rückwärts- oder Differenzkalkulation handelt.

3. Für den Monat Juni 2018 liegt wieder ein noch unvollständiger Betriebsabrechnungsbogen (BAB) der Neufirm GmbH vor. Als zusätzliche Angaben liegen vor: **(Σ = 15 Punkte)**

- Miete: $100\ m^2 : 200\ m^2 : 500\ m^2 : 400\ m^2$
- Strom: 1.250 kWh : 1.000 kWh : 6.000 kWh : 3.000 kWh
- Sonstige: 1 T. : 2 T. : 7 T. : 5 T.
- Fertigungsmaterial: 50.000 €
- Fertigungslöhne: 38.000 €
- Umlageschlüssel Hilfskostenstelle Kantine: 1 : 3 : 4
- Bestandsminderung Fertigerzeugnisse 3.500 €

a) Berechnen Sie die Summe der Gemeinkosten je Kostenstelle im BAB unten. **(8 Pt.)**

D

b) Ermitteln Sie die Gemeinkostenzuschlagssätze für die Hauptkostenstellen. **(7 Pt.)**

BAB in €	06/18	Hilfsk.st.	Hauptkostenstellen		
Gemeinkosten	Σ	1 Kantine	2 Mat.	3 Fert.	4 Vw./Vt.
Gehälter	40.000	2.000	4.500	12.500	21.000
Miete	6.600	550	1100	**F1** 2570	2200
Strom	2.250	250	200	1200	600
Abschreibungen	7.650	400	100	4.950	2.200
Sonstiges	12.000	800	**F2** 1600	**F3** 5600	**F4** 4000
Summe prim. GK	65000	4000	9300	25740	35400
1. Umlage: Verw.			800	1500	**F5** 2000
a) Summe GK			10100	27240	35600
Zuschlags-grundlage			FM 50000	**F6** FL 35000	**F7** HKU 122340
b) Zuschlagssätze			20,2 %	77,83 %	**F8** 29,09%

Die korrekte Lösung wäre:

BAB in €	06/18	Hilfsk.st.	Hauptkostenstellen		
Gemeinkosten	Σ	1 Kantine	2 Mat.	3 Fert.	4 Vw./Vt.
Gehälter	40.000	2.000	4.500	12.500	21.000
Miete	6.600	550	1.100	2.750	2.200
Strom	2.250	250	200	1.200	600
Abschreibungen	7.650	400	100	4.950	2.200
Sonstiges	12.000	800	1.600	5.600	4.000
Summe prim. GK	68.500	4.000	7.500	27.000	30.000
1. Umlage: Verw.			500	1.500	2.000
a) Summe GK	68.500		8.000	28.500	32.000
Zuschlags-grundlage	-	-	FM 50.000	FL 38.000	HKU 128.000
b) Zuschlagssätze	-	-	16 %	75 %	25 %

Korrekturhinweis:

F1: Zahlendreher. F2 bis F5: falsche Addition, aufgrund fehlender Tausendertrennzeichen und ungenauer Anordnung der Zahlen untereinander. F6: falsche Übernahme der Zahl aus den Angaben.

F7: falsche HKU, Ermittlung ohne Abzug der Bestandsminderung

HKU = FM + MGK + FL + FGK + Bestandsmind. – Bestandserhöhung

F8: falsche Rundung, 29,099% = 29,10 %

jeweils 1 Pt. Abzug; Σ A3 = 7 P.

D

Tipp: Vermeiden Sie leichtsinnige Zahlenfehler.

5. Tipp

Es lässt sich nicht ausmerzen. Zu viele Prüflinge nutzen keine Tausendertrennzeichen (12.175,- €) und verlieren dann bei einer ungenauen Anreihung von Zahlen leicht den Überblick und addieren falsch. Ebenfalls häufig sind Zahlendreher (anstelle von 2.750 € wird 2570 € geschrieben) oder falsche Übernahme von gegebenen Zahlen.

Tipp: Vergessen Sie bei der Berechnung der Herstellkosten des Umsatzes (HKU) die Bestandsveränderungen nicht.

6. Tipp

Die Zuschlagsbasis der Kostenstellen Verwaltung und Vertrieb sind die Herstellkosten des Umsatzes. Zur Ermittlung müssen Sie (sofern angegeben) die Bestandsveränderungen berücksichtigen.

4. In der Finanzbuchhaltung und der Kostenrechnung werden unterschiedliche Wertansätze verwendet.
(Σ = 17 Punkte)

a) Erläutern Sie die Begriffe Anders- und Zusatzkosten. **(6 Pt.)**

Anderskosten = aufwandsungleiche Kosten

Zusatzkosten = aufwandslose Kosten

Tipp: Achten Sie auf die Signalworte der Aufgabe.

7. Tipp

Sehr häufig werden die Begriffe »Nennen«, »Erläutern« usw. falsch interpretiert. Bei »Erläutern« sollen Sie die Begriffe nicht nur nennen und mit zwei Signalworten darlegen, sondern in ganzen Sätzen erläutern.

Korrekturhinweis: sehr wohlwollend korrigiert (2 Pt. wären auch O.K.): a) 4 Pt.

b) Nennen Sie zwei Formen von Anderskosten. **(2 Pt.)**

1. Kalkulatorische Abschreibungen werden in der Finanzbuchhaltung anders als in der Kostenrechnung erfasst. In der Finanzbuchhaltung basiert die angesetzte Nutzungsdauer auf den AfA-Tabellen. In der Kostenrechnung wird hingegen die tatsächliche Nutzungsdauer bei der Berechnung der Abschreibung genutzt.

2. Kalkulatorische Zinsen: Auch hier erfolgt ein unterschiedlicher Ansatz in der Finanzbuchhaltung und der Kostenrechnung. Die Finanzbuchhaltung verwendet nur die gezahlten Fremdkapitalzinsen. In der Kostenrechnung werden die kalkulatorischen Zinsen anhand des betriebsnotwendigen Kapitals berechnet.

Tipp: Schreiben Sie bei »Nennen« nicht zu viel!

8. Tipp

Bei »Nennen« sollen Sie die Begriffe nur nennen und nicht beschreiben/erläutern. Somit genügte die Lösung: *»kalkulatorische Abschreibungen und kalkulatorische Zinsen«*.

Korrekturhinweis: b) 2 Pt. Sie haben hier keinen Punkt, dafür aber wertvolle Zeit verloren.

c) Erläutern Sie drei Fälle von neutralen Aufwendungen.
(9 Pt.)

- periodenfremde Aufwendungen: bspw. Steuernachzahlung
- außerordentliche Aufwendungen: bspw. Wasserschaden
- betriebsfremde Aufwendungen: bspw. Spenden

Tipp: Beispiele sind keine Erläuterung.

9. Tipp

Sollten Sie etwas erklären, erläutern oder beschreiben müssen, dann sind Beispiele wunderbar, um Ihre Aussagen zu verdeutlichen. Aber nur Beispiele anstelle einer Erläuterung reichen nicht aus.

Korrekturhinweis: c) 6 Pt.; Σ A4 = 12 P.

D

5. Geben Sie für die folgenden Geschäftsvorfälle in der Tabelle an, wie und mit welchem Betrag sie erfasst werden. **(Σ = 12 Punkte)**

Zuordnung	Zweck-aufwand	neutraler Aufwand	Grund-kosten	Anders-kosten	Zusatz-kosten
Verkauf LKW für 50.000 € (Buchwert = 90.000 €) **F1**	50000	**? F2**	50000		
Hilfsstoffverbrauch: 15.000 €	15000		15000		
kalkulatorischer Unternehmerlohn: 25.000 € **F3**	25000				25000
Abschreibungen: 75.000 €; kalkulatorisch 60.000 €	75000			**? F4**	
Kauf von Büromöbeln auf Ziel: 50.000 € **F5**	50000	**F6**	50000		
Zinserträge: 4.000 €	**F7**	4000			

Die korrekte Lösung wäre:

Zuordnung	Zweck-aufwand	neutraler Aufwand	Grund-kosten	Anders-kosten	Zusatz-kosten
Verkauf LKW für 50.000 € (Buchwert = 90.000 €)		40.000 €			
Hilfsstoffverbrauch: 15.000 €	15.000 €		15.000 €		
kalkulatorischer Unternehmerlohn: 25.000 €					25.000 €
Abschreibungen: 75.000 €; kalkulatorisch 60.000 €	75.000 €			60.000 €	
Kauf von Büromöbeln auf Ziel: 50.000 €					
Zinserträge: 4.000 €					

Tipp: Achten Sie auf exakte Zuordnung.

10. Tipp

Sie müssen auf eine exakte Zuordnung der Begriffe achten. Gerade bei diesem gerne in Prüfungen gestellten Aufgabentypus werden sehr unschöne Fehler gemacht.

D

Korrekturhinweis:

F1 und F2: Nur die Differenz in Höhe von 40.000 € ist neutraler Aufwand.
F3: der kalk. Unternehmerlohn ist kein Zweckaufwand.
F4: Abschreibungen sind Anderskosten. F5 und F6: Der Kauf von Büromöbeln hat hier nichts zu suchen, allenfalls deren Abschreibungen.
F7: Zinserträge haben hier nichts zu suchen,
nur 4 Punkte sind richtig! Σ A5 = 4 P.

6. Die Hydraulik+ AG stellt einen Pumpentypus her. Der Deckungsbeitrag für das Massenprodukt *Fluid* liegt bei der Gewinnschwelle bei 225 T€. Bei 10.000 Stück liegt der Deckungsbeitrag bei 300 T€. Der (Netto-) Verkaufspreis beträgt 80,- €. **(Σ = 16 Punkte)**

   a) Ermitteln Sie die Gewinnschwellenmenge. **(12 Pt.)**

   Leider komme ich hier nicht weiter :-)

Tipp: Arbeiten Sie mit gewohnten Lösungsschemen.

11. Tipp

Es zeigt sich auch häufig im Unterricht, dass Prüfungsteilnehmer über solchen Aufgaben »brüten« und nicht weiterkommen und in der Prüfung gar nichts hinschreiben. Lösen Sie solche Aufgaben mit den gewohnten Schemen aus dem Buch oder dem Unterricht und setzen Sie alles ein, was gegeben ist. Mit etwas Kreativität lassen sich dann solche Aufgaben viel einfacher lösen. Ich nenne diesen Aufgabentypus gerne »Sudoku-Aufgaben« – weil Sie sich ähnlich lösen lassen. Die gegebenen Werte sind in der Tabelle unten schwarz hinterlegt. Lösung: x_{BEP} = 225.000 € ÷ 30 €/St. = 7.500 St.

	Auslastungsgrad 1		Auslastungsgrad 2	
in EUR	pro St.	7.500 St.	pro St.	10.000 St.
Erlöse	80	600.000	80	❺ 800.000
– variable Kosten	50	375.000	50	500.000
= Deckungsbeitrag	❹ 30	225.000	❸ 30	300.000
– Fixkosten	30	❶ 225.000	22,5	❷ 225.000
Betriebsergebnis	0	0	7,5	❻ 75.000

Korrekturhinweis: a) 0 Pt. ❶ Die Fixkosten entsprechen bei der Gewinnschwelle dem Deckungsbeitrag von 225 T€.

❷ Die Fixkosten sind bei allen Auslastungsgraden gleich groß.

❸ Entscheidender Schritt: Aus dem DB = 300 T€ bei 10.000 St. lässt sich durch Division der Stückdeckungsbeitrag berechnen = 30 €.

❹ Dieser ist bei allen Auslastungsgraden gleich groß.

❺,❻ Der Rest ist einfach.

b) Ermitteln Sie die kurzfristige Preisuntergrenze. **(4 Pt.)**

Da ich a) nicht lösen konnte, kann ich auch hier keine Lösung anbieten :-)

Tipp: Geben Sie nicht zu schnell auf.

12. Tipp

Sicherlich können Sie hier ohne Lösung zu a) keine exakte Lösung ermitteln. Trotzdem könnten Sie sagen, dass die kurzfristige Preisuntergrenze den variablen Stückkosten entspricht - das ist einfaches Lernwissen. Zumindest 1 oder 2 Punkte könnten Sie sich damit sichern.

Lösung: k_{var} = 50 €/St. = variable Stückkosten

Korrekturhinweis: b) 0 Pt.; Σ A6 = 0 P.

7. Es liegt folgende Bilanz vor: **(Σ = 12 Punkte)**

A — Bilanz zum 31.12.2018 in T€ — P

I. Anlagevermögen		**I. Eigenkapital**	
Grundstücke	350		
BGA	50	**II. Fremdkapital**	
II. Umlaufvermögen		Bankdarlehen	250
Vorräte	100	Verbindlichkeiten	150
Forderungen	30	Kontokorrentkredit	25
Flüssige Mittel	20		
Summe		**Summe**	

a) Ermitteln Sie das Eigenkapital und die Bilanzsumme. **(4 Pt.)**

Das Eigenkapital beträgt 150 T€.

Korrekturhinweis: a) 0 Pt.; Lösung: EK = 125 T€

Tipp: Vergessen Sie den Rechenweg nicht.

13. Tipp

Zwar ist es nicht immer ausdrücklich erforderlich, den Rechenweg hinzuschreiben. Es empfiehlt sich aber. Hier erhält man keinen Punkt, auch wenn die notwendigen Zwischenschritte (Bilanzsumme) sogar korrekt gerechnet wären und nur ein Schreibfehler vorliegt.

Tipp: Vergessen Sie den zweiten Arbeitsauftrag nicht.

14. Tipp

Es kommt vor, dass in Aufgaben mehrere Teilaufgaben zu lösen sind – hier die Bilanzsumme (Lösung = 550 T€).

b) Berechnen Sie die Eigenkapitalrentabilität und die Gesamtkapitalrentabilität für 2018. Die Zinsen für das Fremdkapital betrugen 15 T€ und der Jahresüberschuss lag bei 25 T€. **(8 Pt.)**

$$\text{Eigenkapitalrentabilität} = \frac{\text{Eigenkapital}}{\text{Gesamtkapital}} \times 100\,\% = \frac{150}{500} \times 100\,\% = 30\,\%$$

F1

$$\text{Gesamtkapitalrentabilität} = \frac{(25+15)}{500} \times 100\,\% = \frac{40}{500} \times 100\,\% = 8\,\%$$

Folgefehler = volle Punktzahl

Tipp: Verwenden Sie die richtigen Formeln.

15. Tipp

Zwar klingen Eigenkapitalrentabilität und Eigenkapitalquote ähnlich, sind aber nicht identisch. Folgefehler hingegen sind unproblematisch. Die korrekte Bilanzsumme wäre 550 T€. Dieser Fehler wurde schon in Aufgabenteil a) mit Punkteabzug bestraft. (Lösung: EKR = 20 % und GKR = 7,27 %)

Korrekturhinweis: b) 4 Pt.; ∑ A6 = 4 P.

Endergebnis: ∑ A1-A7 = **44 P.**

Prüfung nicht bestanden!

Stichwortverzeichnis

A

B

D

E

F

G

H

I

J

K

L

M

N

P

R

S

T

U

V

Z

Zu den Fachbüchern des FHS-Verlags

Das Verlagsprogramm besteht aus zwei Gruppen von Fachbüchern:
(Autor ist jeweils Dr. Holger Stöhr)

I. Fachbücher zur Prüfungsvorbereitung: WQ-Teil

1. **Wirtschaftsbezogene Qualifikationen:** Prüfungsvorbereitung für Industriefachwirte, Technische Fachwirte und Wirtschaftsfachwirte, 3. Auflage, Oberstdorf 2018, **ISBN 978-3-943743-20-3**

2. **Fragen & Aufgaben zu Wirtschaftsbezogene Qualifikationen:** Prüfungssimulation für Industriefachwirte, Technische Fachwirte und Wirtschaftsfachwirte, 2. Aufl., Oberstdorf 2018, **ISBN 978-3-943743-12-8**

3. **F.I.T. zur IHK-Prüfung in VWL & BWL:** Wirtschaftsbezogene Qualifikationen für Industriefachwirte, Technische Fachwirte und Wirtschaftsfachwirte, 3. Auflage, Oberstdorf 2018, **ISBN 978-3-943743-13-5**

4. **F.I.T. zur IHK-Prüfung in Rechnungswesen:** Wirtschaftsbezogene Qualifikationen für Industriefachwirte, Technische Fachwirte und Wirtschaftsfachwirte, 3. Auflage, Oberstdorf 2018, **ISBN 978-3-943743-18-0**

5. **F.I.T. zur IHK-Prüfung in Unternehmensführung:** Wirtschaftsbezogene Qualifikationen für Industriefachwirte, Technische Fachwirte und Wirtschaftsfachwirte, 3. Auflage, Oberstdorf 2018, **ISBN 978-3-943743-17-3**

6. **F.I.T. zur IHK-Prüfung in Recht & Steuern:** Wirtschaftsbezogene Qualifikationen für Industriefachwirte, Technische Fachwirte und Wirtschaftsfachwirte, 3. Auflage, Oberstdorf 2018, **ISBN 978-3-943743-16-6**

Wichtiger Hinweis:

- Das Fachbuch **Wirtschaftsbezogene Qualifikationen** beinhaltet a) eine Zusammenfassung **aller** Fächer (*1. VWL & BWL, 2. Rechnungswesen, 3. Recht & Steuern, 4. Unternehmensführung*) sowie b) Tipps zur Prüfung.

- Das Fachbuch **Fragen & Aufgaben zu »Wirtschaftsbezogene Qualifikationen«** bietet für alle vier Prüfungsfächer jeweils Prüfungssimulationen mit ausführlichen Lösungen sowie zahlreiche Tipps zur Prüfung.

- Die Fachbücher der Reihe »**F.I.T. zur IHK-Prüfung**« beinhalten jeweils für das entsprechende Fach a) eine Zusammenfassung, b) Aufgaben zur Prüfungssimulation und c) zahlreiche Tipps zur Prüfung.
- **Fazit:** Sie sollten *entweder* die ersten beiden Bücher *oder* stattdessen die vier Fachbücher der Reihe »**F.I.T. zur IHK-Prüfung**« erwerben.

II. Fachbücher zur Prüfungsvorbereitung: HSQ-Teil speziell für Wirtschaftsfachwirte

7. **F.I.T. zur IHK-Prüfung in Betriebliches Management:** Handlungsspezifische Qualifikationen für Wirtschaftsfachwirte, 2. Auflage, Oberstdorf 2018 **ISBN 978-3-943743-19-7**

8. **F.I.T. zur IHK-Prüfung in Investition, Finanzierung, Kostenrechnung & Controlling:** Handlungsspezifische Qualifikationen für Wirtschaftsfachwirte, 3. Auflage, Oberstdorf 2018, **ISBN 978-3-943743-14-2**

9. **F.I.T. zur IHK-Prüfung in Logistik:** Handlungsspezifische Qualifikationen für Wirtschaftsfachwirte, 3. Auflage, Oberstdorf 2018, **ISBN 978-3-943743-15-9**

10. **F.I.T. zur IHK-Prüfung in Führung & Zusammenarbeit:** Handlungsspezifische Qualifikationen für Wirtschaftsfachwirte, 2. Auflage, Oberstdorf 2018 **ISBN 978-3-943743-21-0**

11. **F.I.T. zur IHK-Prüfung in Marketing & Vertrieb:** Handlungsspezifische Qualifikationen für Wirtschaftsfachwirte, Oberstdorf 2018, **ISBN 978-3-943743-22-7**

Weitere Fachbücher sind in Vorbereitung!

Zudem befinden sind noch verschiedene Lehrbücher zu den Themen VWL, Kostenrechnung und Rechnungswesen im Verlagsprogramm.

Nähere Informationen erhalten Sie unter:

www.fhs-verlag.de